MATTEO IANNEO

MESSAGGI DA MARTE

I

Introduzione

Marte è il quarto pianeta del sistema solare ed è definito "il pianeta rosso" per l'enorme quantità di ferro presente sulla superficie. Le sue dimensioni sono circa la metà di quelle della Terra. Possiede due satelliti: Phobos e Deimos. Marte orbita attorno al Sole a una distanza media di circa 228 milioni di chilometri e il suo periodo di rivoluzione è di circa 687 giorni, corrispondenti a 320 giorni e 18,2 ore terrestri. Il giorno solare di Marte è poco più lungo del nostro: 24 ore, 39 minuti e 35,244 secondi. La sua atmosfera è prevalentemente composta d'anidride carbonica. Fu esplorato per la prima volta nel 1965 dalla sonda spaziale Mariner 4 che trasmise le prime immagini del pianeta rosso, mentre nel 1971 il Mariner 9 produsse la cartografia completa. Successivamente furono inviate nel 1976 due sonde, Viking 1 e Viking 2 che, posandosi sul suolo, riuscirono a ricavare oltre a immagini, anche dati relativi all'atmosfera e alle temperature di questo pianeta. Le regioni chiare del sud sono coperte da anidride carbonica ghiacciata. Il suo diametro è di circa 6,794 km e le sue temperature sono di circa -130° a +27° C. Entrambe le calotte polari marziane sono composte principalmente da ghiaccio ricoperto da uno strato di circa un metro di anidride carbonica solida, ghiaccio secco al polo nord, mentre lo stesso strato raggiunge gli otto metri in quello a sud. Nel 1609 Galileo Galilei fu il primo a puntare il suo telescopio verso il pianeta rosso. Dopo più di due secoli, precisamente nel 1877, Giovanni Schiaparelli a Milano utilizzò un telescopio di 22 cm per formulare la prima mappa dettagliata di Marte e dei suoi canali. Molti enigmi affascinano questo pianeta, tra i quali i canali presenti sulla superficie, che sembrano letti di fiumi circondati da vegetazione e le varie immagini, dette pareidolie, create dall'azione dei forti venti marziani. Nella mitologia romana Marte, chiamato dai greci anche Ares, è considerato il dio della guerra, del tuono, della pioggia, della natura e della fertilità. I Babilonesi lo chiamavano Nergal, la divinità della guerra, del fuoco e della distruzione, dato il suo colore rosso. Nella mitologia Hindu prendeva il nome di Mangala, mentre gli ebrei lo chiamavano Ma'adim e gli arabi al-Mirrikh. Insomma questa divinità è presente in diverse mitologie della storia umana. Nel passato si pensava che Marte fosse popolato dai marziani. Negli ultimi anni di esplorazione, grazie alle tecnologie più avanzate, si è arrivati alla conclusione secondo la quale Marte non è stato abitato da civiltà che abbiano potuto lasciare una loro traccia evidente su questo meraviglioso pianeta. In altre parole Marte è un pianeta inabitabile e non sappiamo se effettivamente nel passato sia stato popolato da esseri viventi, ma questo è ciò che gli studiosi per il momento confermano.

Prefazione

Ho sempre pensato in un altro modo. Non ho mai accettato quello che gli altri hanno cercato di confermare e di dettare tramite messaggi, video, riviste e così via. Ho sempre creduto che la verità, nascosta "dai grandi della Terra", sia stata manipolata per smistare e deviare i nostri pensieri dove essi volevano, per il timore di svelare le vere origini della nostra umanità. Utilizzando Google Earth ho iniziato ad analizzare le cartografie della Nasa e dell'Esa spaziale, passando ore del mio tempo alla ricerca di qualche particolare che colpisse i miei sensi. È così che ho scoperto diversi elementi che hanno contribuito a rafforzare le mie convinzioni e a ritenere che la storia sia tutta da riscrivere. Osservando ed elaborando nel dettaglio i diversi particolari, la mia mente li associava a elementi già conosciuti, perché visti sui libri di storia. In diversi luoghi esaminati ho trovato sfingi, raffigurazioni di animali (leoni, lupi e altri esseri), faraoni, templi e diverse rovine di civiltà antiche. Rivolgendomi agli Enti preposti per ottenere riscontri e spiegazioni, ho ricevuto sempre e soltanto risposte preconfezionate, cioè che quello da me osservato è il frutto di effetti dovuti a ombre oppure creati nel tempo da eventi naturali che hanno potuto modellare queste raffigurazioni fino a renderle compatibili con quelle presenti sul nostro pianeta. Gli esperti del mio paese mi hanno offeso e umiliato dicendomi di tutto. Vi segnalo di seguito alcune fra le frasi più belle che mi sono rimaste impresse:

1.   "Abbiamo esaminato attentamente il materiale da lei inviatoci e confermiamo purtroppo la stessa linea delle altre più quotate testate, nel non dare alcuna importanza alle sue ricerche."

2.   "Trattasi di un fenomeno arcinoto della percezione della mente umana di saper o voler vedere volti umani in qualsiasi cosa. Questa caratteristica del cervello umano è stata molto studiata e ha il nome scientifico di pareidolia."

3. "Il fatto che quasi nessuna rivista 'seria' abbia pubblicato qualcosa su quest'argomento dovrebbe indurla a ragionare sul perché."

4. "Non son certo queste le prove che possono convincere gli scettici."

5. "Anzi... le sue 'ricerche' sono il massimo della disinformazione, che contribuisce a coprire di ridicolo i VERI ricercatori di anomalie extraterrestri."

6. "Comunque affronti l'argomento risulta totalmente INUTILE continuare a discuterne o a dargli pubblicità."

7. "Se è un suo personale hobby che le arreca soddisfazione e gratificazione continui pure su questa strada... troverà sempre tanta gente che le darà credito... c'è una tale carenza di raziocinio al giorno d'oggi!" "Non solo è LEI che deve fornire la PROVA che vi sia realmente quel tipo di 'volto', ma sarebbe nel suo stesso interesse, per evitare che molte persone (tra cui TUTTI i media da lei contattati) rimangono non solo molto scettici, ma anche prendano le distanze da questo tipo di 'ricerche'."

Ringrazio coloro che mi hanno scritto queste risposte, perché sono una persona educata. Non ho mai offeso alcuno e non ho mai dichiarato che i miei risultati fossero al 100% scoperte di costruzioni artificiali, sono sempre stato cauto su tutto ciò che ho esaminato, ma ho voluto solo mettere in evidenza questi particolari prima che lo facessero altri. Rimane il fatto che, con le mie sole forze e senza l'aiuto di nessuno, il mio nome è sobbalzato nel web ed è citato in diversi siti mondiali, compreso quello di Google Earth che si è complimentato per il *tag* più cliccato di quel periodo. A prescindere da tutto ciò, adesso mi rivolgo a voi e v'invito a seguirmi in questo meraviglioso e lungo viaggio...

La mia prima scoperta avvenne nel mese di settembre del 2009, alle 3:00 del mattino, ora italiana; mi trovavo davanti al pc, con il mio modem a 56k che mi consentiva di girovagare, anche se con difficoltà, per il pianeta Terra con l'uso del *tool* Google Earth. Vivo a Cerignola, nella provincia di Foggia in Puglia, Italia, abito in una zona periferica del paese dove, mancando il servizio Internet veloce, sono costretto a ricorrere al semplice ma pur sempre efficace collegamento tradizionale *dial-up*. Mentre guardavo dall'alto il mio paese, mi ritrovai quasi in periferia, con gli occhi puntati sulla mia abitazione, facilmente individuabile in quanto è situata vicino a una distesa di alberi d'ulivo. Subito pensai che era bello poter girovagare per il mondo e osservare posti meravigliosi, che difficilmente di persona possono essere visitati, se non con la propria fantasia. Osservavo di tutto, strade, boschi, monumenti, andavo in Egitto scrutavo le piramidi, passavo in Francia, poi in Spagna e infine New York. Insomma, in tutti i luoghi che desideravo visitare. Non sapevo come funzionasse Google Earth ma, smanettando qua e là, cominciai a scoprire diverse funzionalità. Guardando nel menù del software, osservai che vi era la possibilità di aggiungere luce e altro. Mentre provavo alcune opzioni, notai in alto che un link permetteva di vedere anche il pianeta Marte a cura della NASA e dell'ESA (Agenzia Spaziale Europea). Non credevo ai miei occhi. E così, con molta difficoltà legata alla velocità di trasmissione dei dati, riuscii a caricare la sfera del pianeta rosso e cominciai a esplorarlo come già avevo fatto con il pianeta Terra. Non vedevo altro che terra rossastra, buchi dovuti alla caduta di meteoriti, monti, rocce e null'altro. Pensavo che gli scienziati avessero proprio ragione nell'asserire che Marte fosse un pianeta fatto solo di sabbia e roccia, un pianeta ormai morto da tempo. Mentre mi accingevo a spegnere il pc per andare a letto, mi accorsi, zoomando una zona, della presenza di una sagoma simile a una conchiglia. Man mano che ingrandivo quel particolare, la sagoma assume sempre più le sembianze di un volto umano. Sì,

proprio un volto umano, inquadrato di profilo, del quale erano ben visibili e distinguibili molti dettagli anatomici: orecchio, naso, occhio, sopracciglio, bocca e collo. Insomma, un volto completo. Nel frattempo mi ricordai che sul fornello acceso avevo lasciato il pentolino pieno d'acqua per preparare una camomilla. Corsi subito in cucina, ma l'acqua era evaporata completamente. Chiusi il gas e tornai al pc. Mentre continuavo a guardare quel volto, d'improvviso andò via la rete elettrica. Ero disperato. Non sapevo se la posizione della sagoma individuata fosse stata memorizzata in maniera automatica. Purtroppo non fu così. Mia moglie, intanto, mi chiamava chiedendomi cosa fosse successo e io le risposi semplicemente che era venuta a mancare la rete elettrica. Mi misi a letto, ma i miei pensieri erano turbati da quel volto, l'inizio di una serie di scoperte sconvolgenti. Il giorno dopo, mentre pranzavo con la mia famiglia, composta da tre meravigliosi figli e una moglie stupenda che non cambierei con nessun'altra, mio figlio, il piccolo, smise di mangiare per andare a cercare la sua scuola con Google Earth. Dopo qualche minuto mi chiamò per chiedermi un aiuto pratico nella ricerca. Mi alzai dal tavolo e mi diressi verso di lui. Gli spiegai alcune cose tecniche, anche se sapevo che essendo lui piccolo non avrebbe potuto comprendere ogni mia spiegazione tesa a facilitare la sua ricerca. Ritornai a sedermi al tavolo e continuai a mangiare nonostante avessi diverse volte invitato il piccoletto a sedersi con noi prima che la minestra si raffreddasse. Mio figlio è un bambino caparbio e spesso non ascolta i nostri richiami all'ordine. Dopo una decina di minuti, lo sentimmo chiedere ad alta voce: «Come mai la Terra è tutta rossa?». Io mi avvicinai e capii che la terra rossa di cui stava parlando non era altro che Marte. «Come mai» continuò mio figlio «in questa parte della Terra non ci sono alberi, non c'è il mare, non c'è nulla?»Gli risposi che non era la Terra, ma il pianeta Marte, e lui di conseguenza mi chiese che cosa fosse Marte? Gli dissi che avrebbe saputo tutto a scuola, tra qualche anno. Mentre il bambino perlustrava alcune aree del pianeta, notai una zona a me familiare, si trattava del luogo che avevo visto la notte prima. Dissi subito a mio figlio di alzarsi e farmi posto, perché desideravo continuare la ricerca. Passarono circa dieci minuti quando all'improvviso ritrovai il volto umano. Feci salti di gioia e pregai tutti di non mettere un dito sul pc, temendo di perdere nuovamente ogni traccia di quella prima e sensazionale scoperta. Senza alcuna esitazione appuntai su di un taccuino le coordinate dell'immagine. È difficile accettare psicologicamente tutto ciò, in previsione di come questo elemento possa essere messo in discussione in tutto il mondo. Iniziai a inviare la notizia ad alcuni siti web che trattano questo tipo di argomenti, ma senza ottenere nessuna risposta. Dopo più di un anno ho insistito su questa linea inviando l'e-mail anche ad atri siti web che, in poco tempo, hanno dato seguito alla mia segnalazione provvedendo alla diffusione, a livello mondiale, del *Volto di Gandhi*. Questa è stata la mia prima scoperta e da essa ha avuto inizio la mia ricerca sui misteri di Marte. Mi convincevo sempre più che questo pianeta nascondeva un'altra verità: quella di popoli vissuti in epoche lontanissime da noi, i cui sopravvissuti vennero aiutati a trasferirsi su altri pianeti. Ma questa è solo una delle mie ipotesi. Credo che la vita sulla nostra Terra abbia subito un'influenza di natura genetica proveniente da altri mondi: la presenza di "tipi" della razza umana sulla Terra potrebbe essere il frutto di popolazioni sbarcate in passato da altri posti dell'universo.

La posizione su

Google Earth è la seguente:

Latitude 33°12'29.82"N   Longitude 12°55'51.21"

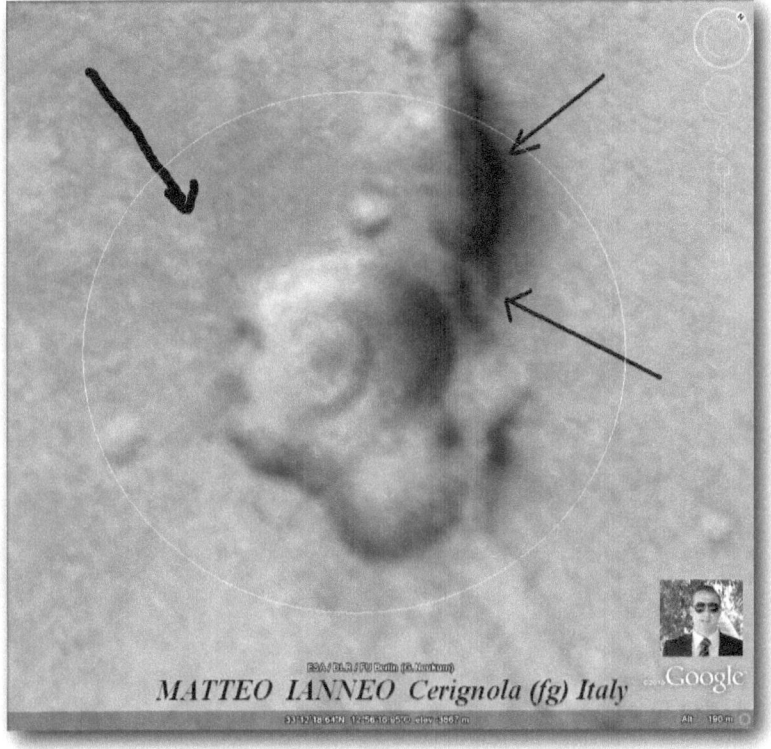

Fonte immagine: ESA/DLR/FU Berlin (G.Neukum)

Ecco a voi il *Volto di Gandhi*. Questo volto per me è molto rilevante, si evincono molti elementi e aspetti umani: il capo tondo con una parte oscura che sembra rappresentare i capelli del soggetto, un orecchio, un sopracciglio, un occhio, il naso, la bocca e il collo. Devo dire che è proprio un bel profilo. Ovviamente lascio al lettore la facoltà di emettere un'eventuale opinione e/o un giudizio personale.

Fonte immagine: ESA/DLR/FU Berlin (G.Neukum)

Questa prospettiva, vista da una certa elevazione, mostra la raffigurazione del capo con tutti i suoi particolari.

Fonte immagine: ESA/DLR/FU Berlin (G.Neukum)

In questa immagine si nota in alto a sinistra un volto con baffi sepolto dal tempo. Ci troviamo dinanzi a rovine di un'antica civiltà.

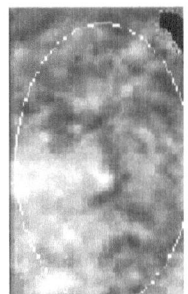

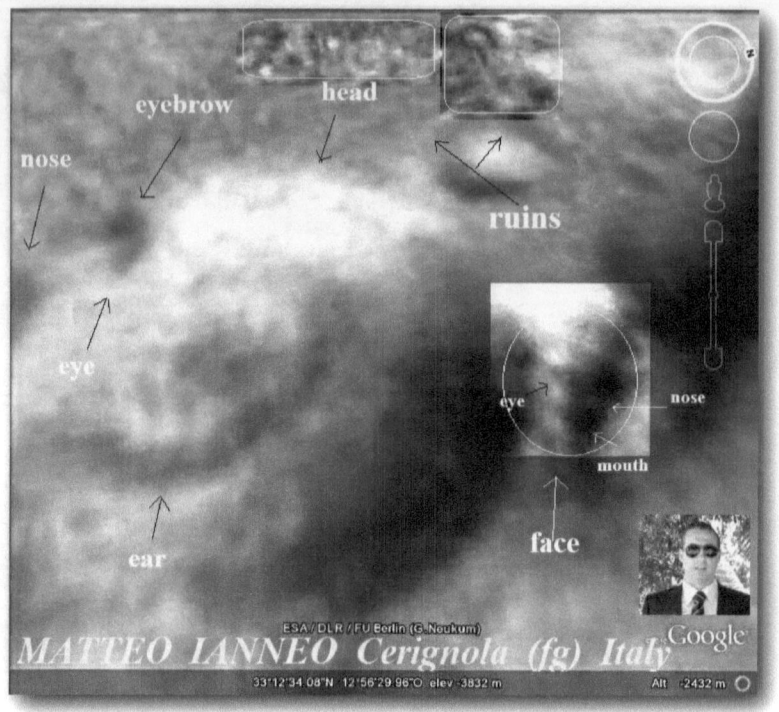

Fonte immagine: ESA/DLR/FU Berlin (G.Neukum)

Procediamo con una descrizione più dettagliata del volto.

Naso, sopracciglio, occhio, capo, fronte, nuca colorata (capelli), orecchio.

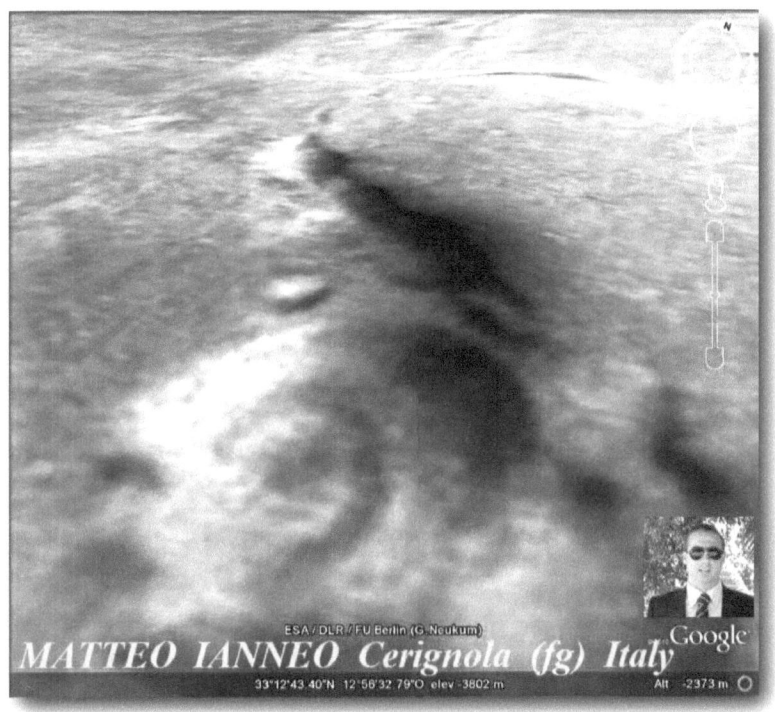

Fonte immagine: ESA/DLR/FU Berlin (G.Neukum)

Prospettiva 2

Fonte immagine: ESA/DLR/FU Berlin (G.Neukum)

Prospettiva 3

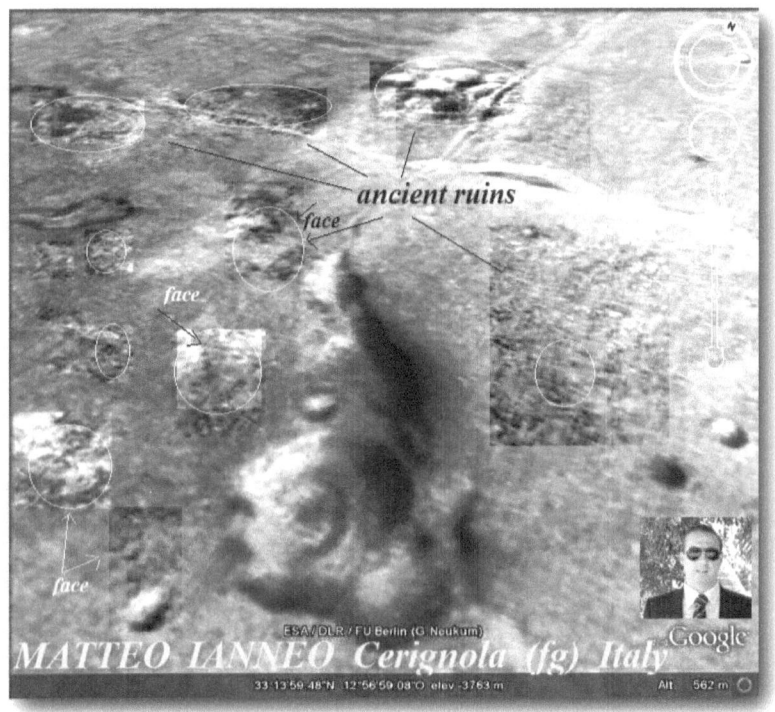

Text within image: ancient ruins, face, face, face, ESA/DLR/FU Berlin (G.Neukum), MATTEO IANNEO Cerignola (fg) Italy, 33°13'59.48"N 12°56'59.08"O elev -3763 m, Alt 562 m, Google, N

Fonte immagine: ESA/DLR/FU Berlin (G.Neukum)

Prospettiva 4

Fonte immagine: ESA/DLR/FU Berlin (G.Neukum)

Prospettiva 5

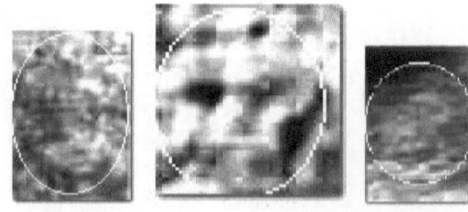

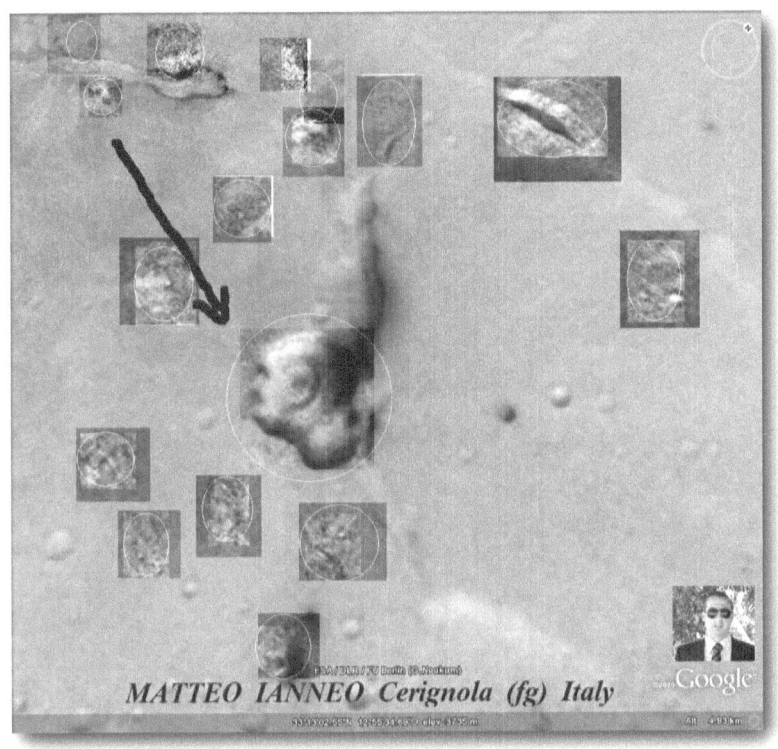

Fonte immagine: ESA/DLR/FU Berlin (G.Neukum)

Fonte immagine: ESA/DLR/FU Berlin (G.Neukum)

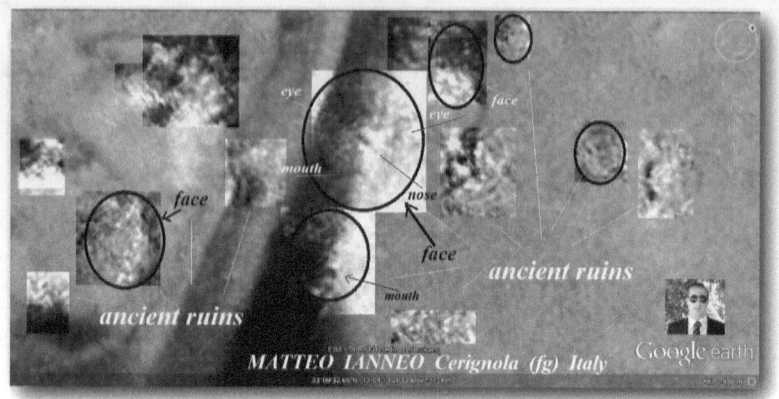

Fonte immagine: ESA/DLR/FU Berlin (G.Neukum)

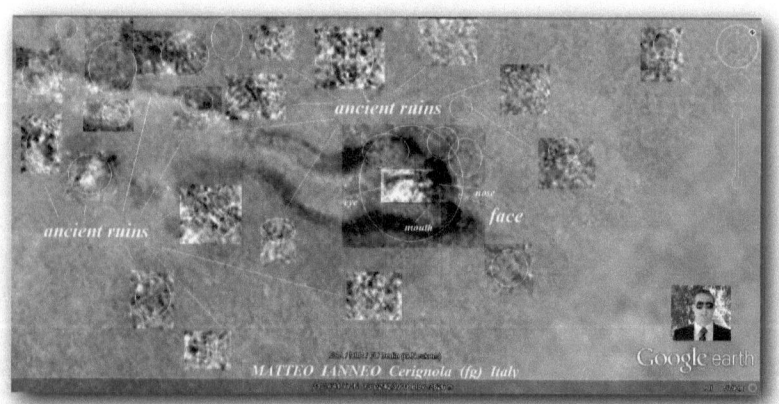

Fonte immagine: ESA/DLR/FU Berlin (G.Neukum)

Altri particolari

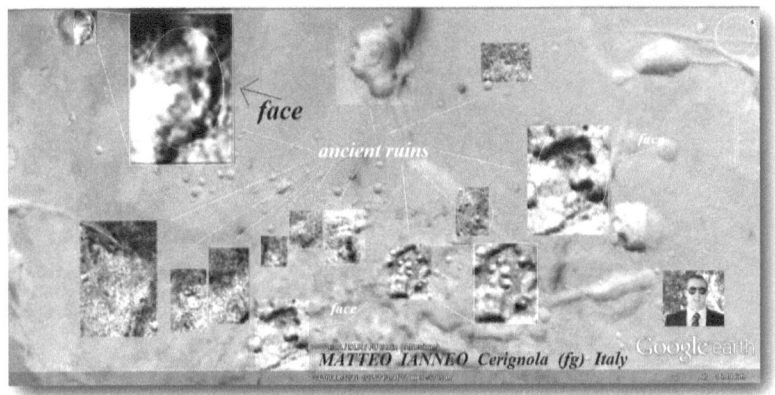

Fonte immagine: ESA/DLR/FU Berlin (G.Neukum)

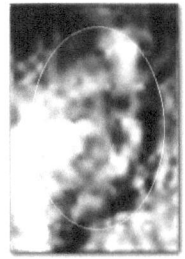

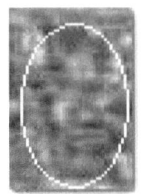

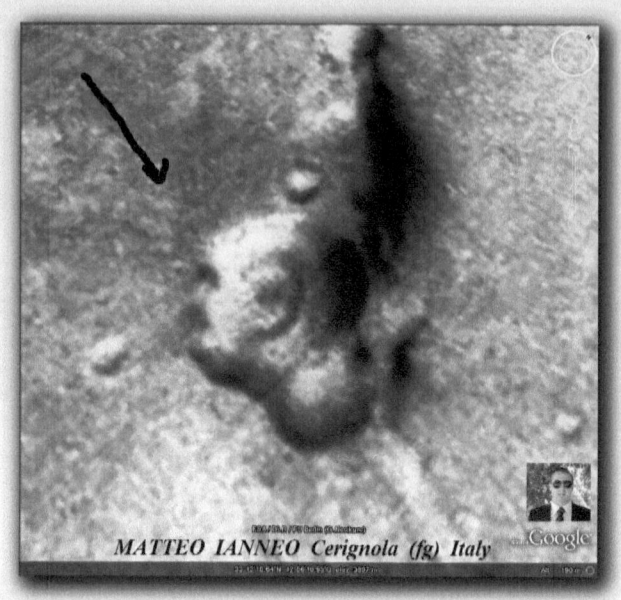

MATTEO IANNEO Cerignola (fg) Italy

Fonte immagine: ESA/DLR/FU Berlin (G.Neukum)

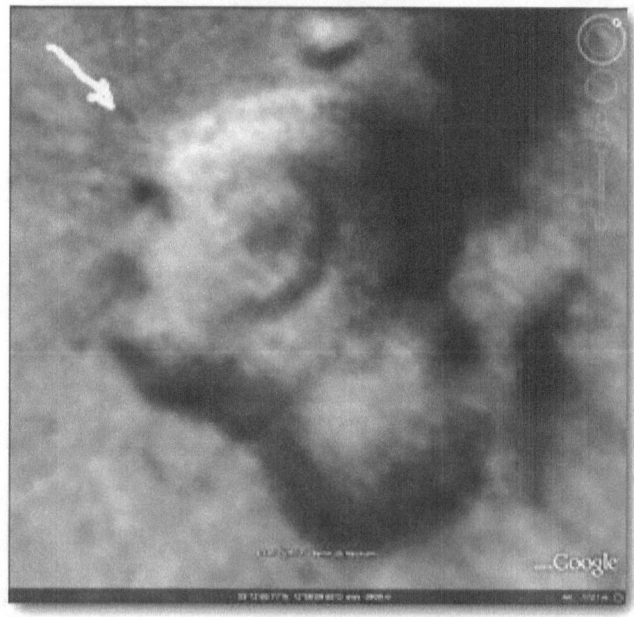

Fonte immagine: ESA/DLR/FU Berlin (G.Neukum)

Con filtro.

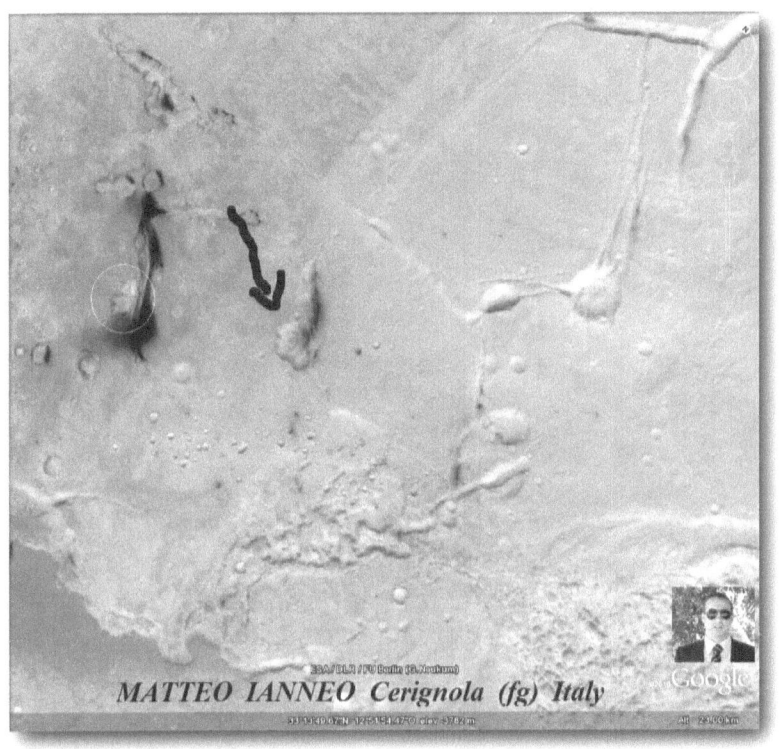

MATTEO IANNEO *Cerignola (fg) Italy*

Fonte immagine: ESA/DLR/FU Berlin (G.Neukum)

Questa scoperta la archiviai in una cartella che chiamai *Segreti*. La mia curiosità aumentava di pari passo al desiderio d'esplorazione. Non immaginavo che a distanza di pochi giorni avrei aggiunto un secondo volto. Nel secondo volto, scoperto sempre nel settembre del 2009, il mese del mio anniversario di matrimonio, si evidenziano naso e occhi con sopracciglio; la bocca è inesistente, ma coperta da qualcosa che non posso descrivere. È un volto molto bello, sembra dipinto su una tela. Quando segnalai la notizia alle riviste di settore, gli esperti mi risposero dicendo che anche questa immagine è stata creata dalla natura, ma che ai nostri occhi si presenta come qualcosa di già visto altrove, sul nostro pianeta. Io non ne sono convinto. Comunque osserviamo questa immagine e traiamo ciascuno le proprie conclusioni. Sono sicuro che qualcuno è della mia stessa idea.

La posizione su

Google Earth è la seguente:

Latitude 43°19'19.30"N   Longitude 22°53'5.29"E

Fonte immagine: ESA/DLR/FU Berlin (G.Neukum)

Un bel volto a mio parere di natura femminile.

Se questo volto fosse di natura artificiale, sarebbe stato scolpito sicuramente mediante tecniche sconosciute. La mia ipotesi è di una scultura scolpita dall'alto con tecnologia a noi ignota. Forse gigantesche astronavi hanno lasciato queste tracce come segno della loro venuta su questo pianeta. Una sorta di gara a chi era il più potente dio esploratore e conquistatore degli universi.

Fonte immagine: ESA/DLR/FU Berlin (G.Neukum)

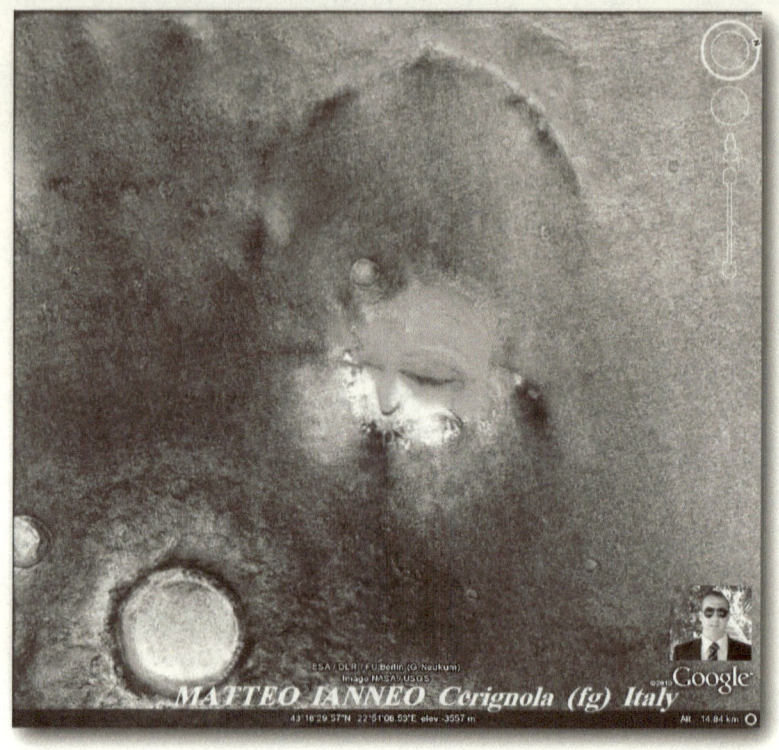

Fonte immagine: ESA/DLR/FU Berlin (G.Neukum)

Qui possiamo osservarla da un'altezza diversa. Si nota già da quest'altitudine che si tratta di un volto. Sopra la testa si vede una forma circolare nascosta, simile a un turbante.

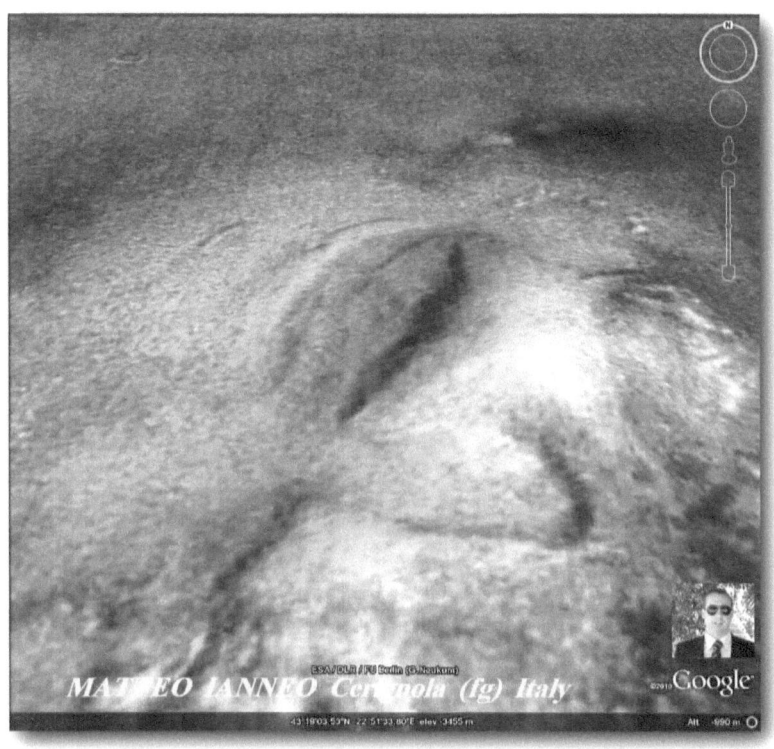

Fonte immagine: ESA/DLR/FU Berlin (G.Neukum)

Prospettiva 1

Fonte immagine: ESA/DLR/FU Berlin (G.Neukum)

Prospettiva 2

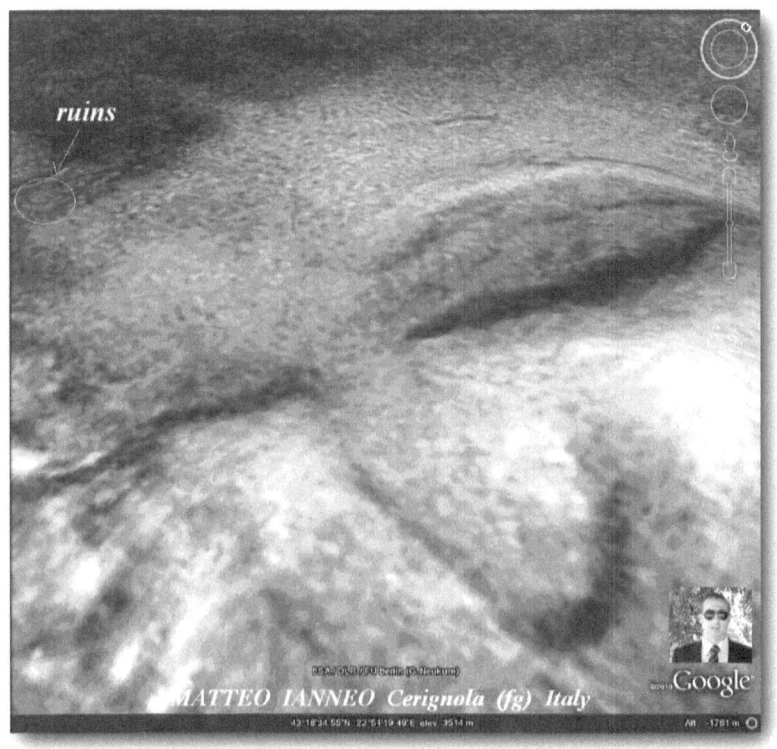

Fonte immagine: ESA/DLR/FU Berlin (G.Neukum)

Prospettiva 3

Fonte immagine: ESA/DLR/FU Berlin (G.Neukum)

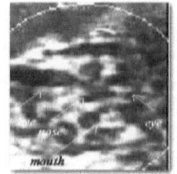

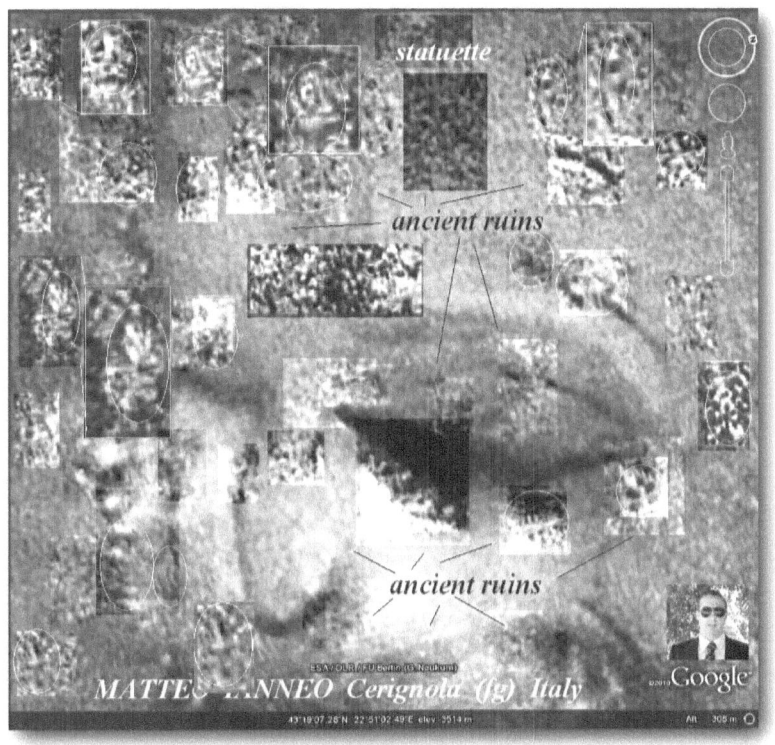

Fonte immagine: ESA/DLR/FU Berlin (G.Neukum)

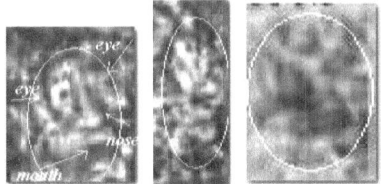

Continuavo a pensare che la cosa straordinaria di queste immagini era quella di avere in comune dei particolari a noi noti: lineamenti umani. Non mi sorprendeva che in seguito potessi scoprirne altri. E così fu. Mentre scrutavo la superficie di Marte, in una zona notai il profilo di un essere antropomorfo.

La posizione su
Google Earth è la seguente:
Latitude 40°01'25.89"N   Longitude 8°58'21.53"W

Fonte immagine: ESA/DLR/FU Berlin (G.Neukum)

Aveva il volto di un uomo lupo con la bocca aperta, come se volesse emettere un urlo, quello di guerra.

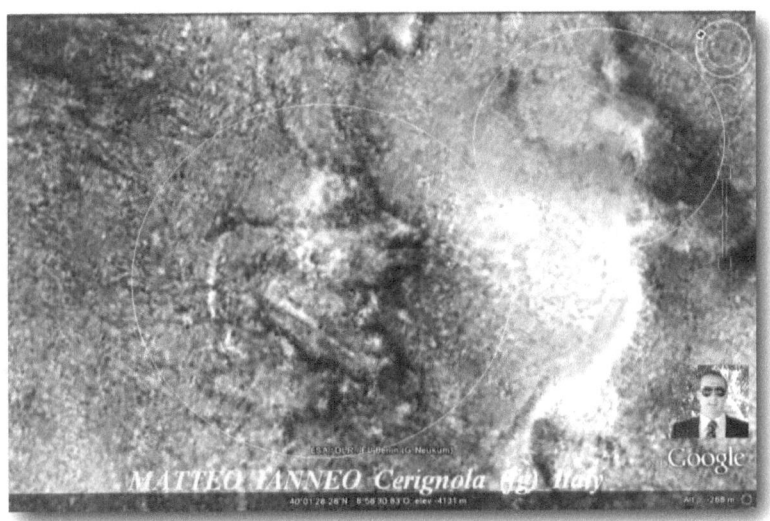

Fonte immagine: ESA/DLR/FU Berlin (G.Neukum)

Se guardiamo attentamente dalla sua bocca esce un serpente, con occhi e bocca spalancati. In alto a destra notiamo le rovine di una città antica. Nella foto successiva possiamo vedere in dettaglio alcuni particolari.

Fonte immagine: ESA/DLR/FU Berlin (G.Neukum)

In alto si distingue una sfinge deteriorata dal tempo. Si nota il capo, la zampa in avanti, l'ingresso di una caverna, segnata come input. Evidentemente la vita, all'epoca, si svolgeva prettamente all'interno di caverne e quindi sotto la superficie di Marte.

Nel segmento di foto successivo notiamo altri particolari.

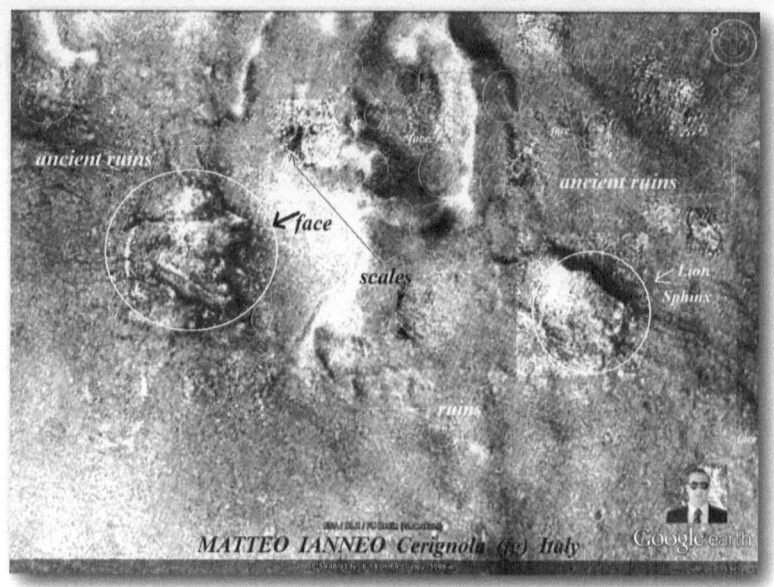

Fonte immagine: ESA/DLR/FU Berlin (G.Neukum)

Vi commento i particolari più evidenti. Sulla destra si vedono il volto di profilo di un leone (*sphinx*), altri volti e degli scalini per accedere alla caverna. Senza dubbio molte città e molti templi su Marte erano stati costruiti con l'aiuto di strutture naturali legate a formazioni di grotte gigantesche.

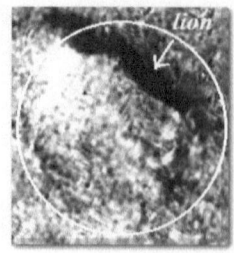

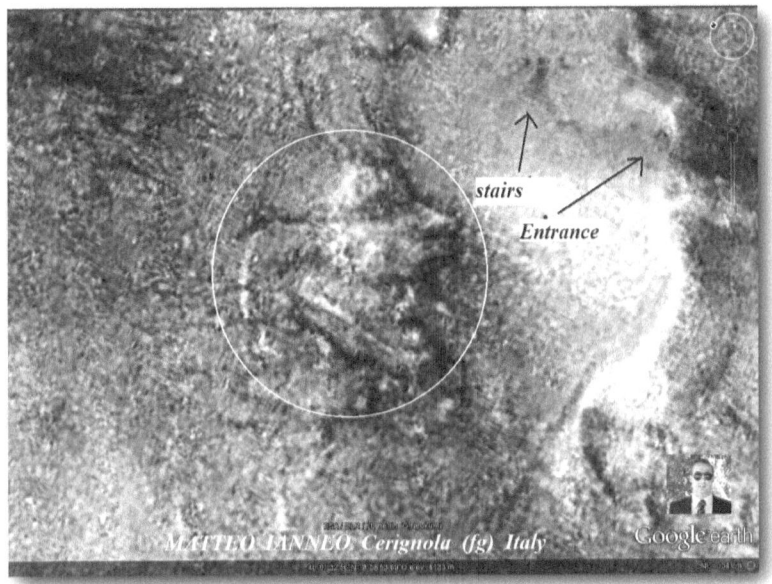

Fonte immagine: ESA/DLR/FU Berlin (G.Neukum)

In quest'altra immagine notiamo il volto del soggetto principale Anubis, il dio Lupo, contornato in alto a destra dalle mura di una città, con tanto di ingressi e scalini per l'accesso. Senza dubbio queste rovine risalgono a molto tempo fa. Marte, secondo una mia ipotesi, è stato popolato in passato da diverse civiltà.

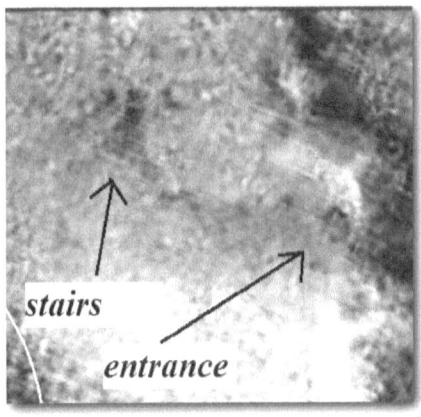

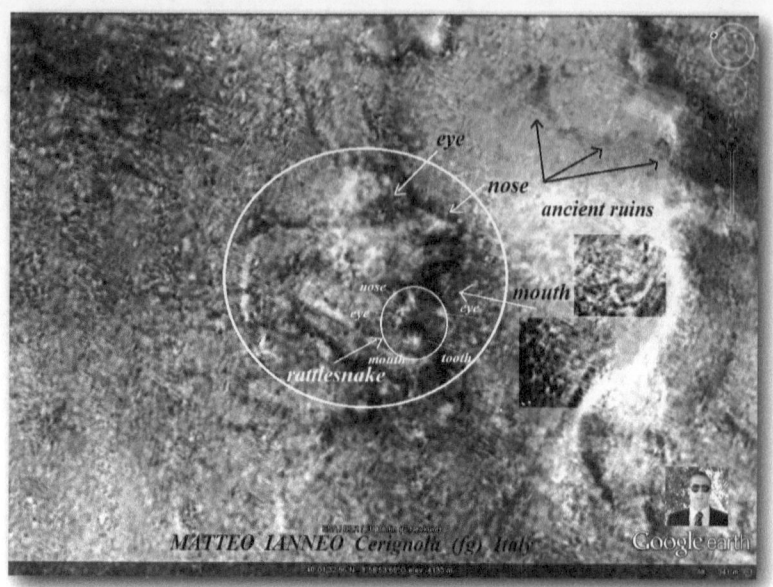

Fonte immagine: ESA/DLR/FU Berlin (G.Neukum)

Qui notiamo il rettile nella bocca del soggetto principale, a sua volta con la bocca aperta. Prendendo in esame la bocca del dio Anubis, osserviamo che sono presenti anche denti molto affilati. Ciò può significare che questo dio fosse molto temuto per il suo morso, forte come quello di un lupo, ma velenoso come quello di un serpente a sonagli. Ovviamente sono solo mie ipotesi.

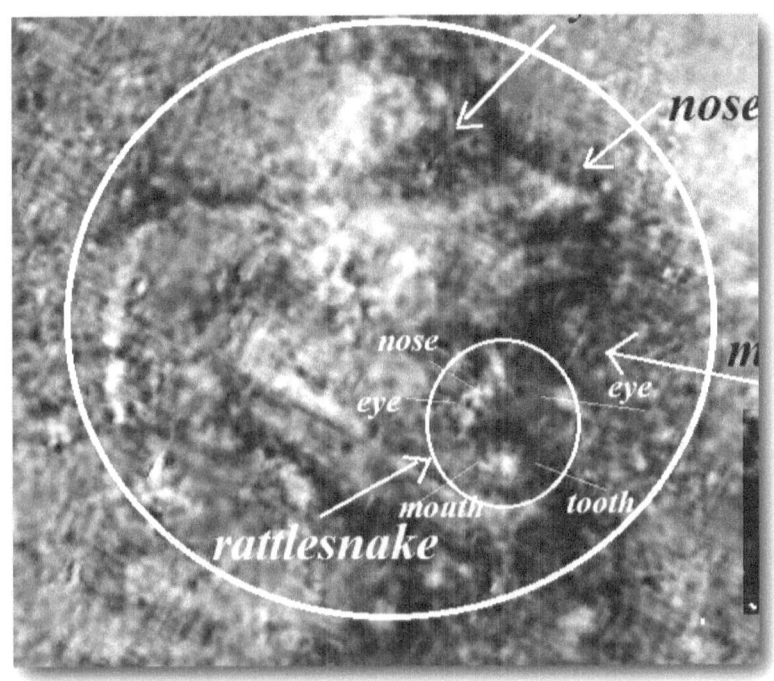

Fonte immagine: ESA/DLR/FU Berlin (G.Neukum)

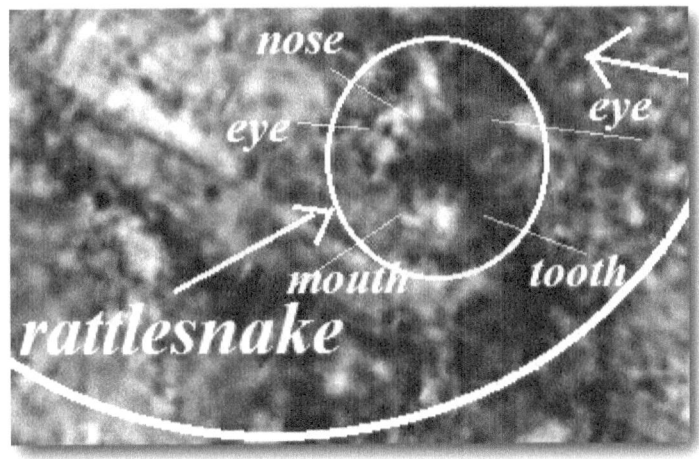

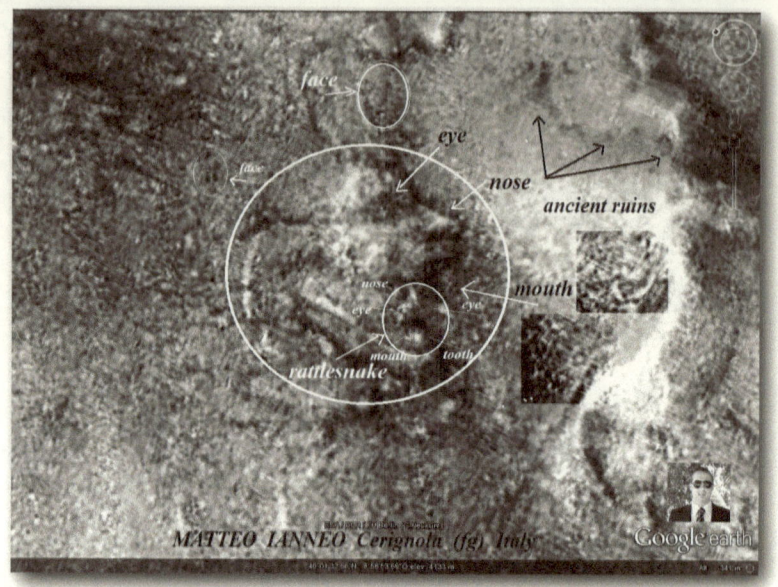

Fonte immagine: ESA/DLR/FU Berlin (G.Neukum)

Fonte immagine: ESA/DLR/FU Berlin (G.Neukum)

Sulla destra, nel mezzo della foto, vi è un'altra faccina che sporge dalla roccia, un piccolo monumento celebrativo di qualcuno appartenuto a quella storia.

La posizione su

Google Earth è la seguente:

Latitude 40°23'23.93"N   Longitude 9°33'12.80"W

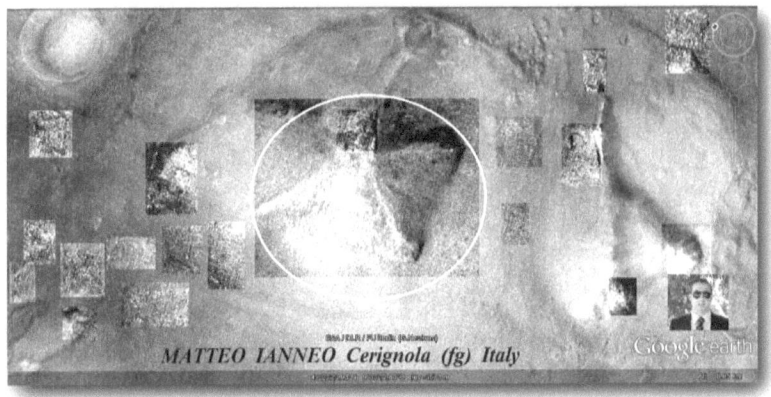

Fonte immagine: ESA/DLR/FU Berlin (G.Neukum)

Una piramide molto antica.

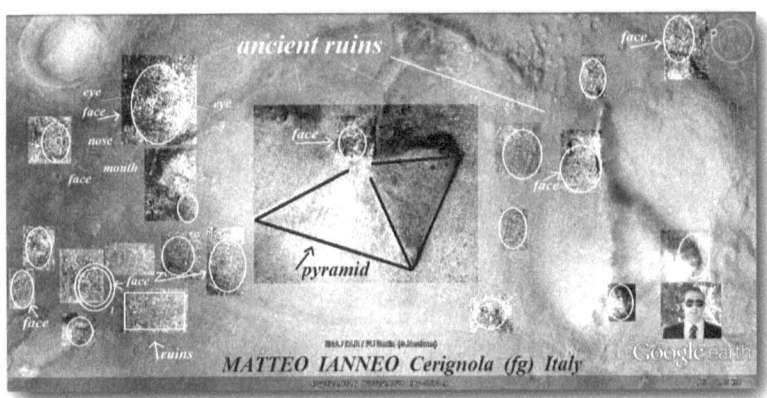

Fonte immagine: ESA/DLR/FU Berlin (G.Neukum)

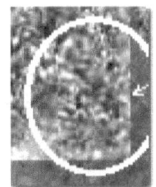

Fatte queste scoperte, mi chiesi spesso se un giorno sarei riuscito a scorgere qualcosa di più moderno. Pochi giorni dopo scoprii delle strutture geometriche.

Degli hangar.

La posizione su
Google Earth è la seguente:
Latitude 22°39'25.19"N   Longitude 103°47'56.61"W

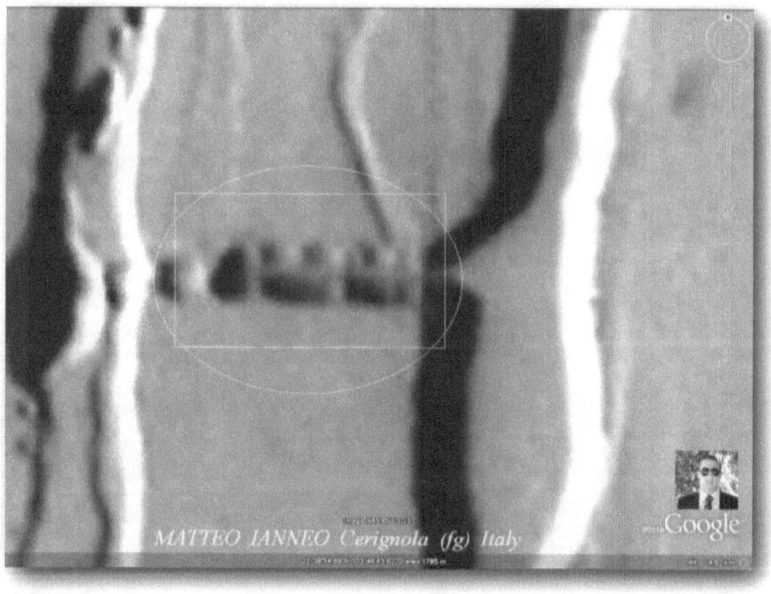

Fonte immagine: NASA/USGS

Alcuni esperti studiosi di Marte m'inviarono delle e-mail in cui ribadivano la teoria seconda la quale i particolari trovati da me non sono altro che formazioni naturali di rocce dovute al passaggio nel tempo di sorgenti d'acqua. Non mi hanno convinto. Se osservate bene le tre strutture geometriche risultano essere tra loro parallele con angoli di 90° successivi; è difficile che possano crearsi naturalmente.

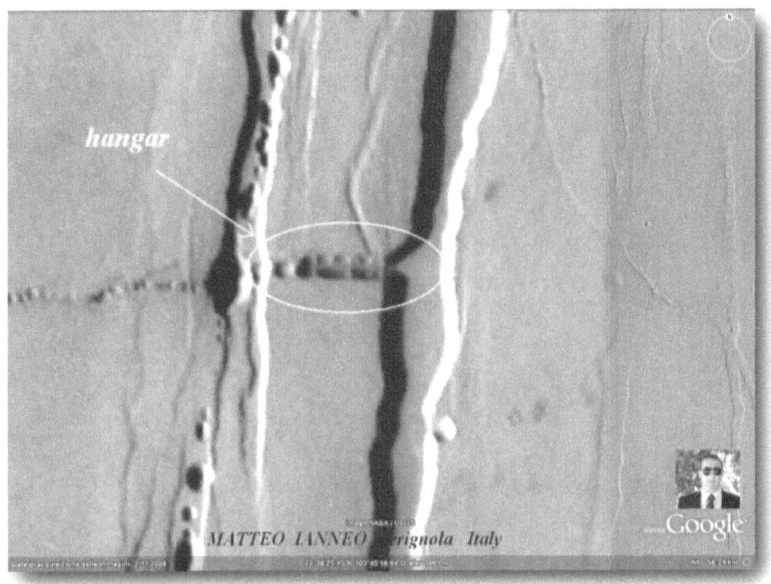

Fonte immagine: NASA/USGS

Da questa prospettiva vediamo la formazione geometrica con strutture parallele tra loro. Potrebbero essere, secondo le mie ipotesi, o degli accessi per il sottosuolo (per esempio ingressi per astronavi e velivoli spaziali) oppure bocche di filtraggio usate come condotti di areazione, cioè aspirazione e riciclo di ossigeno per gli abitanti che vivono sotto la superficie del pianeta.

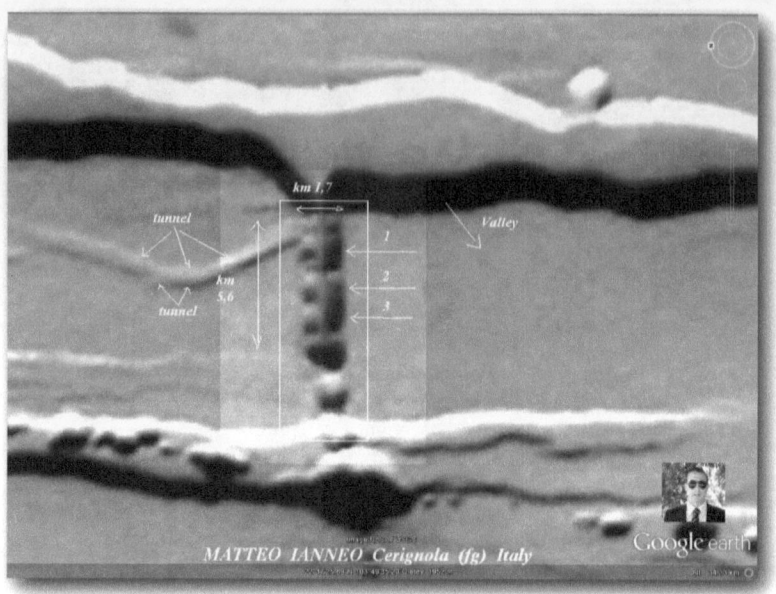

Fonte immagine: NASA/USGS

Ho capovolto la struttura per mettere in risalto le parti geometriche. Sono rettangoli paralleli tra loro, equidistanti e della stessa forma. Non credo per nulla che in natura si trovi qualcosa del genere, se non una costruzione di origine artificiale.

Pensavo a cosa avrei potuto scoprire ancora se avessi continuato di questo passo. Notai, in un'altra zona del pianeta, un affascinante esemplare di una specie di cavallo con zampe, parte posteriore, criniera, e volto di un essere diverso da quello che mi aspettavo. Tenendo conto che ci troviamo su un altro pianeta, le forme raffigurate possono subire variazioni.

La posizione su

Google Earth è la seguente:

Latitude 29°4'29.31"N   Longitude 60°8'56.87"W

Fonte immagine: NASA/USGS

Ecco la foto di un animale con il volto di un lupo, oppure di un orso. Si notano le zampe posteriori e la sua criniera.

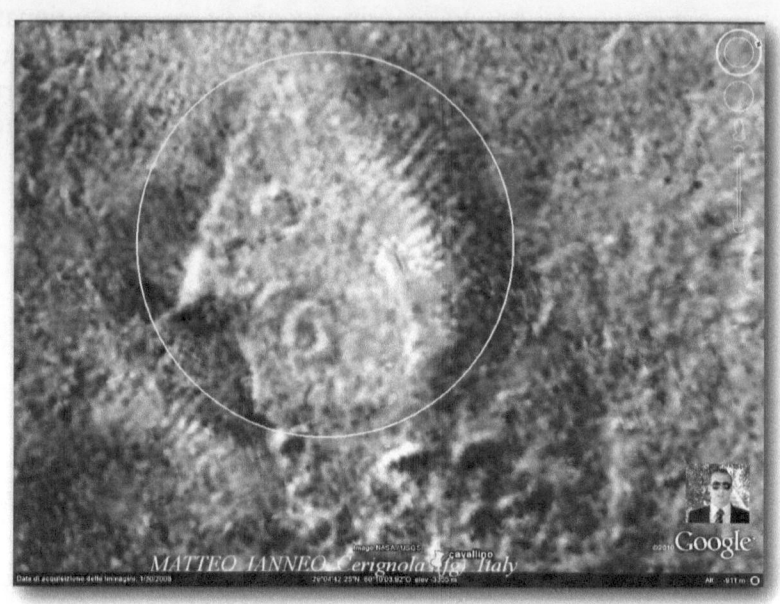

Fonte immagine: NASA/USGS

In evidenza la testa di questo essere.

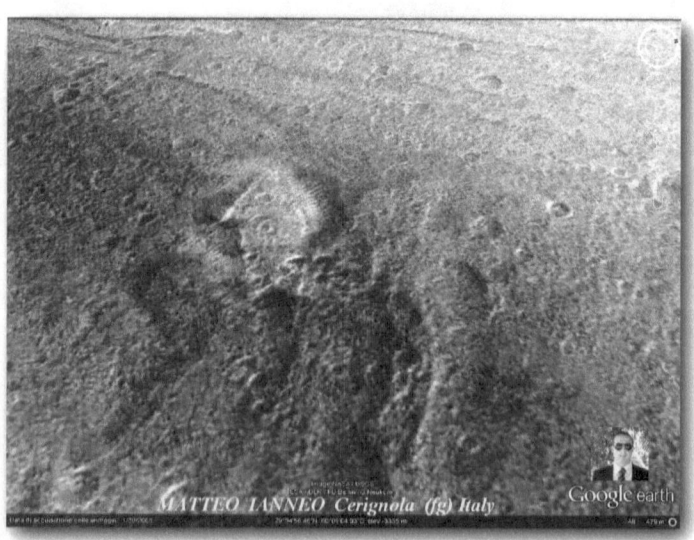

Fonte immagine: NASA/USGS

Prospettiva 1

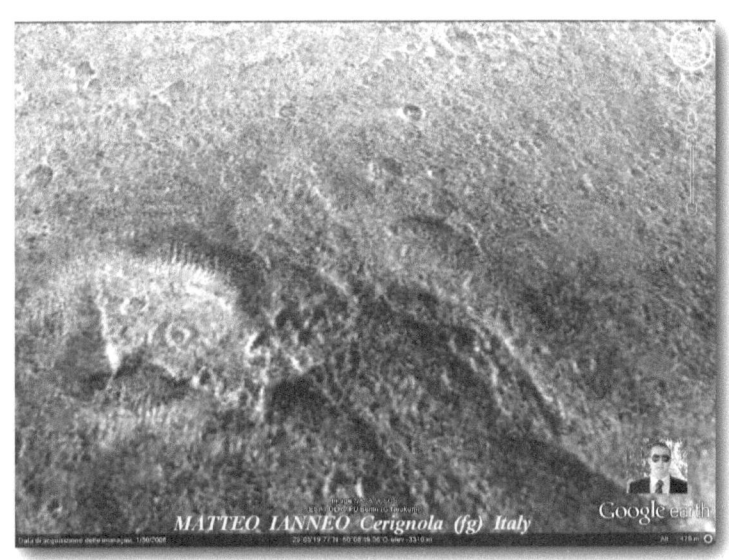

Fonte immagine: NASA/USGS

Prospettiva 2

Fonte immagine: NASA/USGS

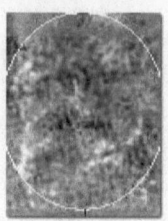

Fonte immagine: NASA/USGS

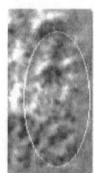 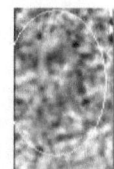 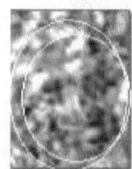

Poi ho scoperto una raffigurazione di un monumento sepolto dal tempo. Si tratta di una statua con un braccio alzato, come quella della Libertà, in America.

La posizione su

Google Earth è la seguente:

Latitude 19°32'45.13"N   Longitude 99°44'46.10"W

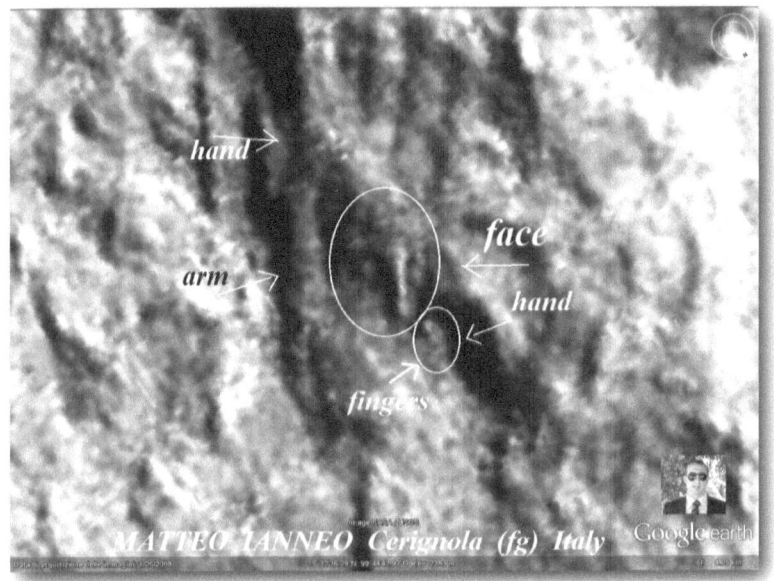

Fonte immagine: NASA/USGS

Eccola! Un naso lungo, simile a quello delle raffigurazioni greche, una mano sul fianco sinistro, si notano le dita e un braccio destro alzato come se tenesse in mano qualcosa che adesso non c'è più. Nelle sue vicinanze notiamo altri particolari.

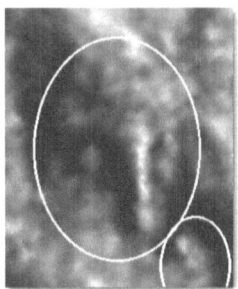

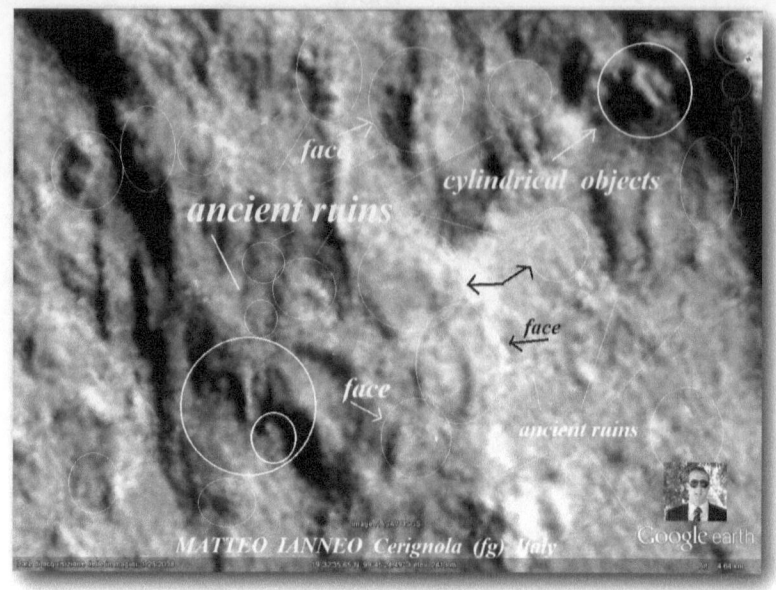

Fonte immagine: NASA/USGS

Nella parte in alto a destra troviamo forme di oggetti cilindrici. Secondo la mia ipotesi potrebbe trattarsi di silos abbandonati da tempo. Evidentemente qualcuno faceva uso di questi contenitori come rifornimento di carburante o di cibo per sostare diverso tempo sul pianeta. Cilindri accatastati, e quindi lasciati lì, accantonati da qualche velivolo extraterrestre durante le missioni spaziali effettuate in passato.

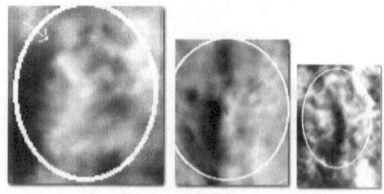

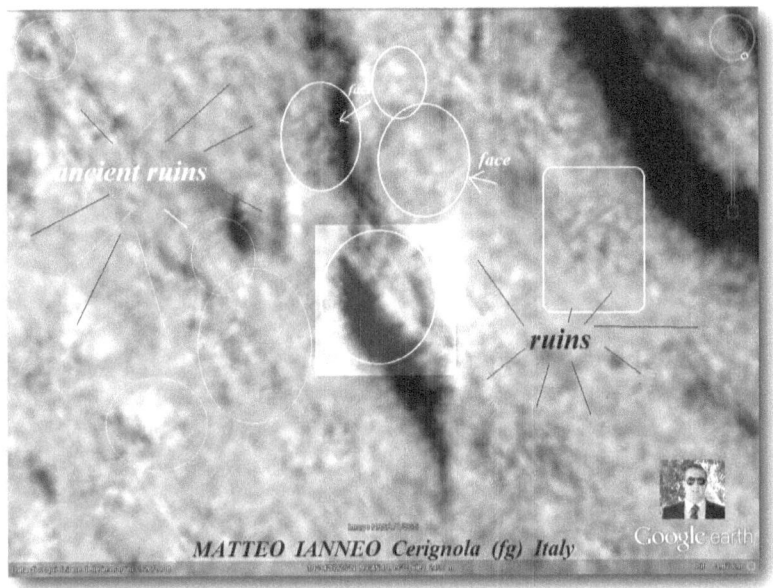

Fonte immagine: NASA/USGS

Un'altra formazione cilindrica.

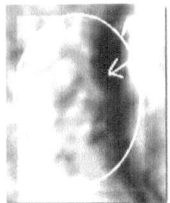

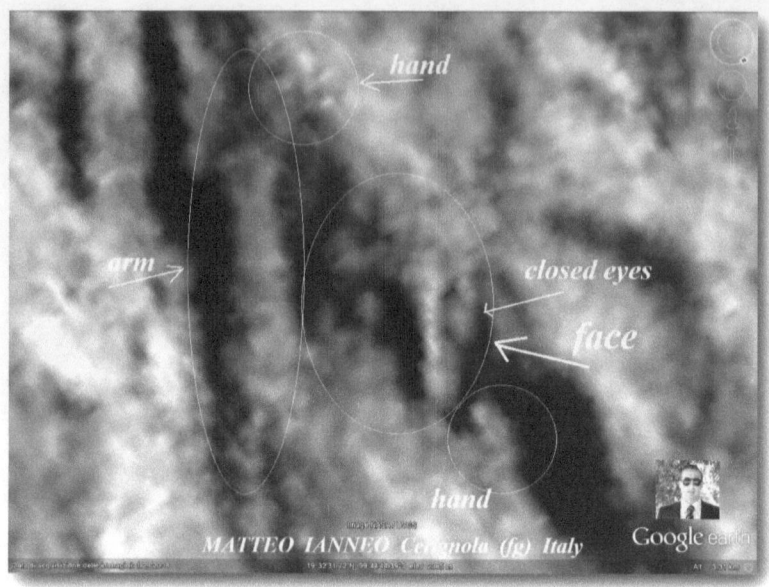

Fonte immagine: NASA/USGS

Un volto con occhi chiusi, una mano sul fianco sinistro e un braccio elevato verso il cielo.

Lo stesso giorno individuai il volto di un uomo antico. Un volto da indigeno, da uomo preistorico, insomma la raffigurazione di qualcosa che colpì la mia attenzione.

La posizione su

Google Earth è la seguente:

Latitude 40° 6'4.28"N   Longitude 9°22'43.85"W

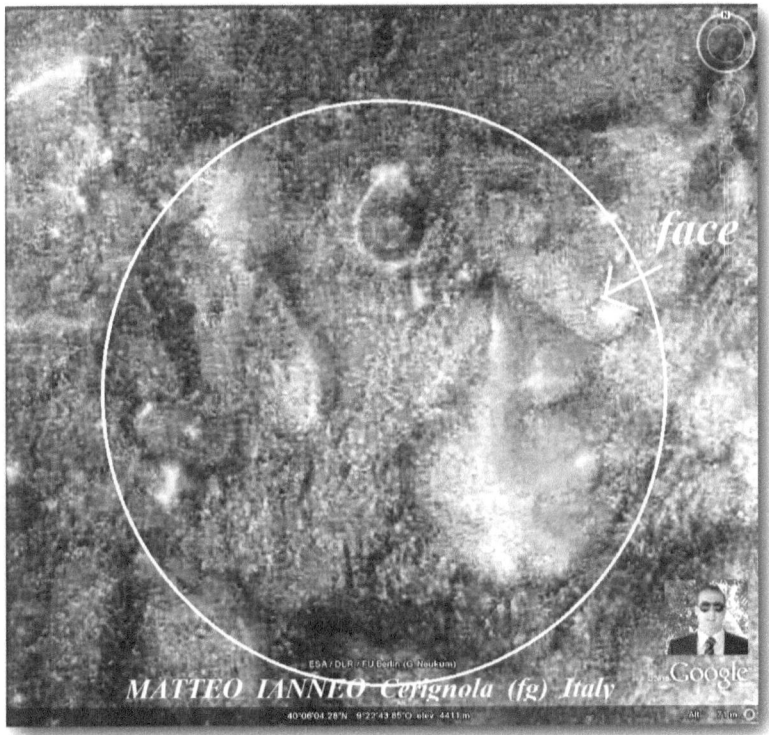

Fonte immagine: ESA/DLR/FU Berlin (G.Neukum)

Si nota bocca, naso, occhio e denti. Tutti direbbero: "Ma sono solo volti?". La mia risposta è che intorno o all'interno di quei volti si era sviluppata una civiltà. Il volto era la rappresentazione massima della città. Il loro dio.

Fonte immagine: ESA/DLR/FU Berlin (G.Neukum)

Eccolo lì!

Se non avessi utilizzato le mie tecniche difficilmente avrei trovato tutto questo.

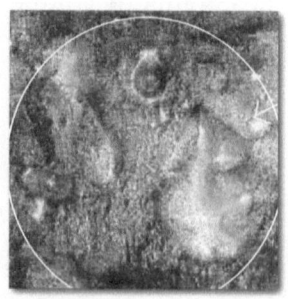

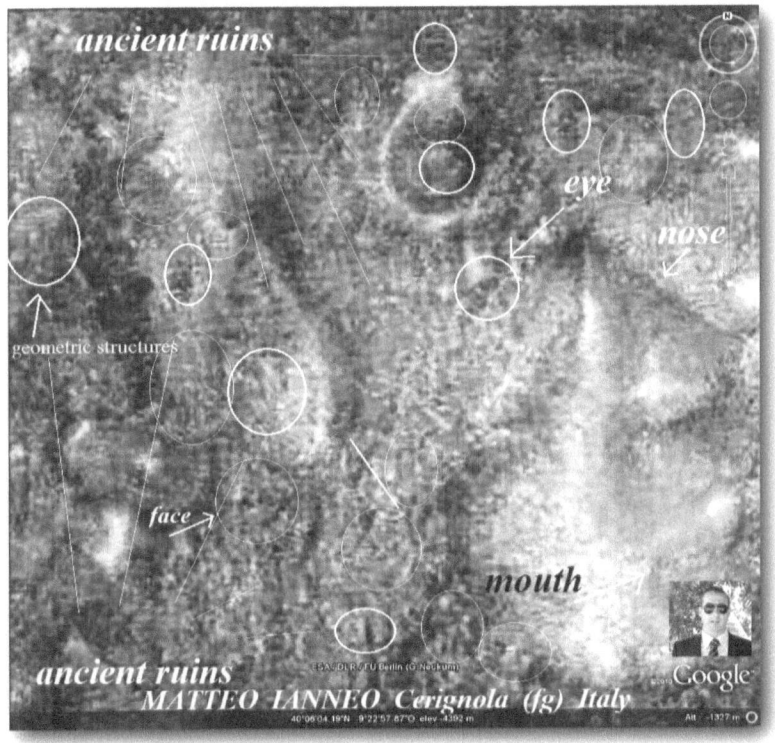

Fonte immagine: ESA/DLR/FU Berlin (G.Neukum)

L'occhio è cerchiato e si trova sotto una piccola capanna. Si nota l'iride. Sulla sinistra in alto compare la città. Forme geometriche, a cui si accede tramite numerosi scalini, dove gli antichi trasportavano il loro re sulle spalle. Per devozione, sostituendoli con altri, trasportavano il loro dei nella città nascosta in enormi grotte. Qui vi era un altare al centro, dove una sacerdotessa attendeva l'arrivo del re tra gli echi dei canti di centinaia di persone, accompagnati da strumenti a percussione. Gli uomini, con voce possente, emanavano vocalizzi che risuonavano nella grotta, facendo mescolare le vibrazioni del proprio suono con quelle del loro spirito. "Ovviamente questo nella mia fantasia"

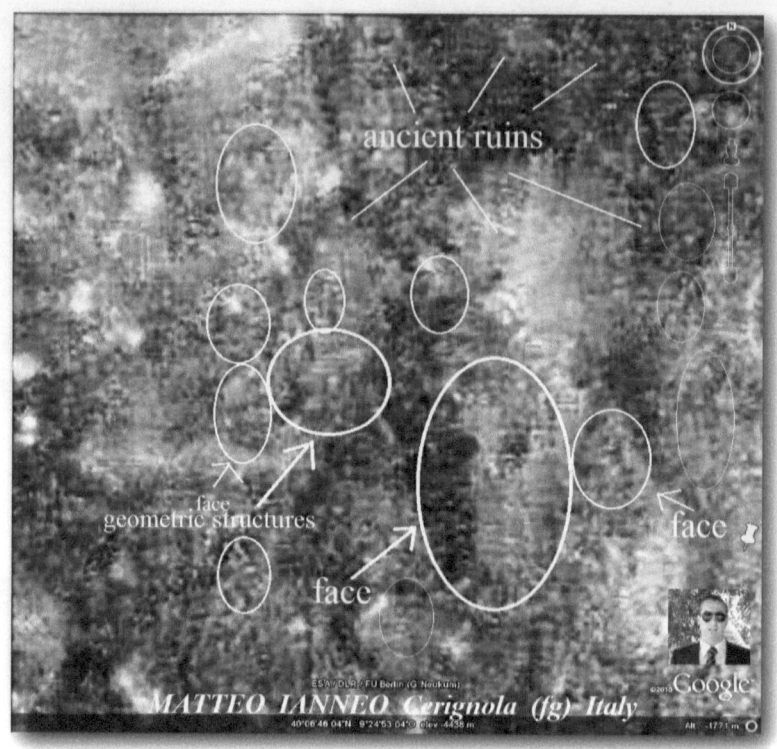

Fonte immagine: ESA/DLR/FU Berlin (G.Neukum)

Ecco la città nascosta nelle grotte, accessibile da lunghe e numerose scalinate. Dopo averla scoperta mi chiesi: "Ma su Marte ci sono stati animali come quelli che vivono sulla nostra Terra?".

La posizione su

Google Earth è la seguente:

Latitude 50°15'2.86"N   Longitude 83°41'43.47"W

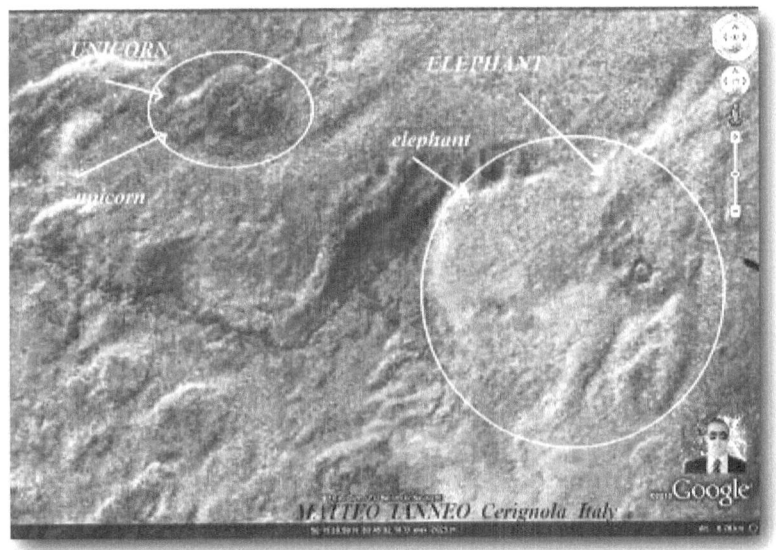

Fonte immagine: ESA/DLR/FU Berlin (G.Neukum)

Ecco che trovo un esemplare di elefante.

Si nota un elefante con occhi, proboscide, zampa e parte posteriore. In alto a sinistra si vede un altro animale, con un corno sul capo: una capra o probabilmente una lepre.

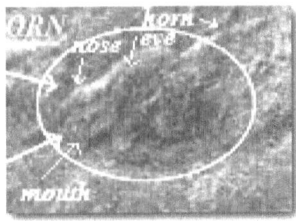

Nelle mitologie antiche compaiono spesso animali con un corno sulla testa. Io ho trovato questo su Marte.

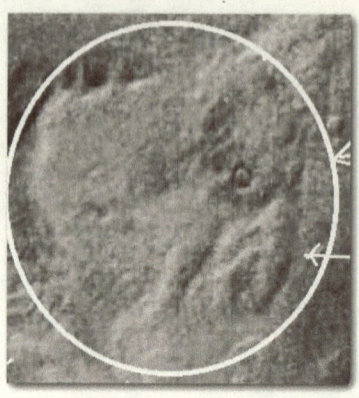

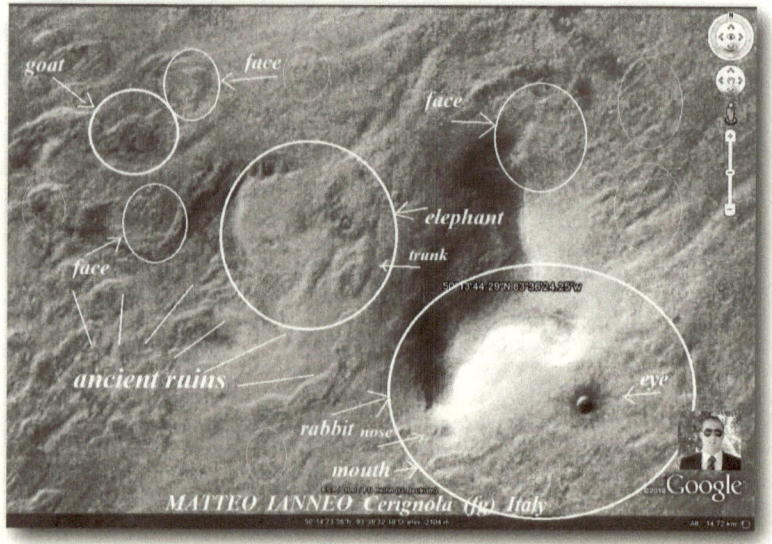

Fonte immagine: ESA/DLR/FU Berlin (G.Neukum)

Sotto a destra notiamo la testa di un coniglio e, sopra di esso, il volto di profilo di un essere simile a una scimmia. Quindi un elefante, un coniglio, una capra con un corno in testa e un profilo di scimmia sulla montagna.

Nell'antico Egitto si adorava il cane lupo e ho trovato questa somiglianza.

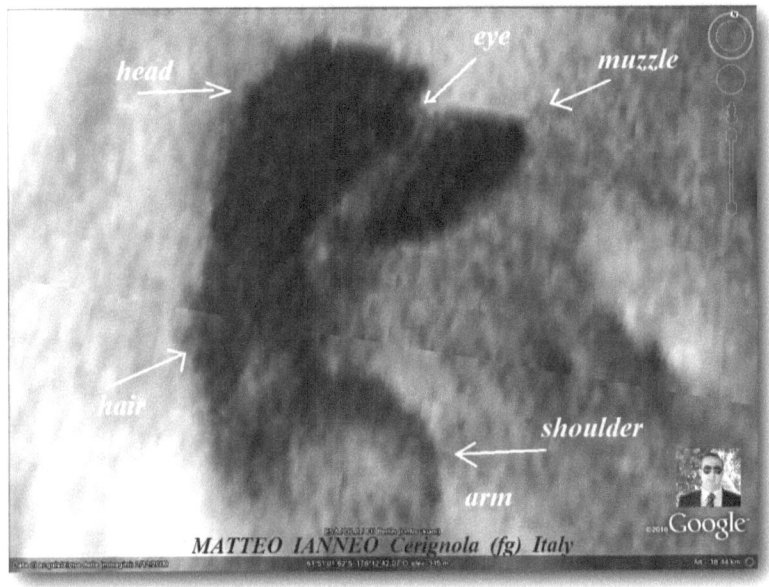

Fonte immagine: ESA/DLR/FU Berlin (G.Neukum)

È possibile notare il muso, un occhio, il capo, i capelli che cadono sulle spalle e il braccio destro. Questa immagine racchiude dentro di sé la storia di una civiltà.

Fonte immagine: ESA/DLR/FU Berlin (G.Neukum)

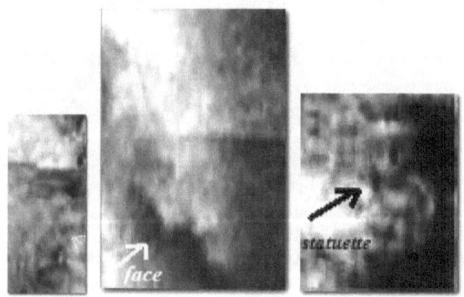

La posizione su

Google Earth è la seguente:

Latitude 11°10'30.37"N   Longitude 104°26'40.81"W

Fonte immagine: ESA/DLR/FU Berlin (G.Neukum)

NASA /USGS

In questo fotogramma notiamo l'accesso a una città nascosta.

Notiamo un volto che guarda verso il cielo. Pare avere delle labbra immortalate nell'atto di dare un bacio. Le orecchie e gli occhi sembrano di tipo orientale.

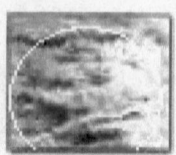

La vegetazione sta pian piano prendendo forma. Qualcuno sta facendo rinascere quella che era una volta la vita su Marte. Se notate sotto le immagini vi sono dei grandi scaloni. Secondo una mia ipotesi, questi sono resti di mura di un'antica civiltà.

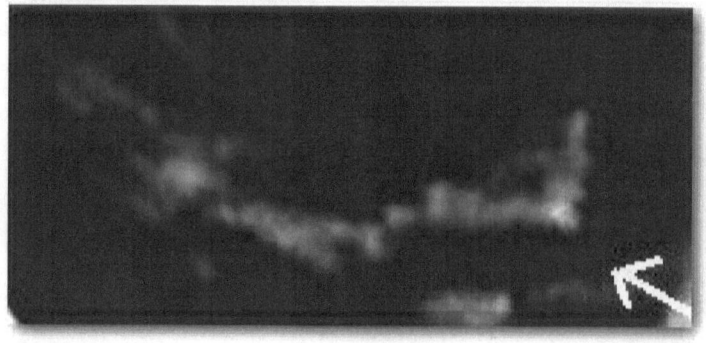

Vista nel dettaglio.

(Rovine nascoste sotto la superficie)

Evidentemente la superficie di Marte non era molto ospitale nel passato, forse a causa di qualche cataclisma, oppure per il timore di un'eventuale invasione proveniente dall'alto.

Desideravo osservare il primo volto, quello, per intenderci, noto a tutto il mondo e situato nella zona di Cydonia. Mi accorsi che era stato disfatto, come se qualcuno avesse manipolato quell'immagine, ma notai nei suoi pressi qualcosa di affascinante, qualcosa di meraviglioso: il profilo di un volto racchiuso in una piramide. Straordinario!

La posizione su
Google Earth è la seguente:
Latitude 41°19'53.75"N   Longitude 9°48'46.20"W

Fonte immagine: ESA/DLR/FU Berlin (G.Neukum)

Ecco una sfinge, un volto raffigurato in una piramide, dove nella parte alta a destra notiamo – anche se con poca nitidezza – una specie di mucca o toro, mentre dinanzi al volto della sfinge si vede un serpente, un cobra. Nelle venerazioni egizie troviamo spesso questi animali narrati come degli dei, Ra Althor eccetera. Cobra, sfinge, mucca, o toro. Senza dubbio qualche esperto di storia antica saprà meglio di me qual è il legame tra questi elementi.

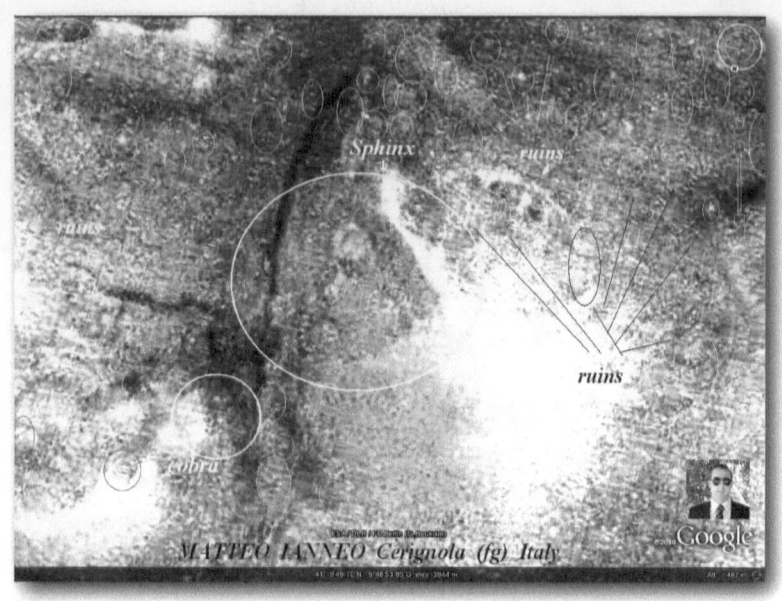

Fonte immagine: ESA/DLR/FU Berlin (G.Neukum)

Il cobra in basso a sinistra.

In alto al centro il volto.

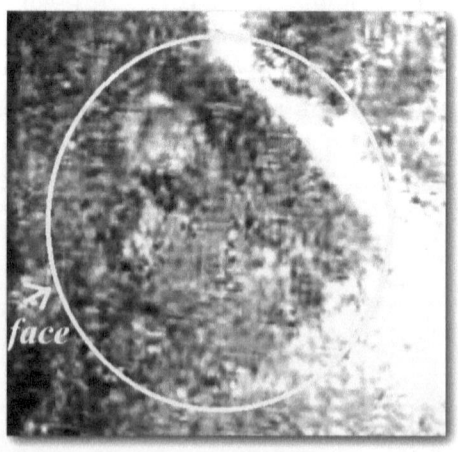

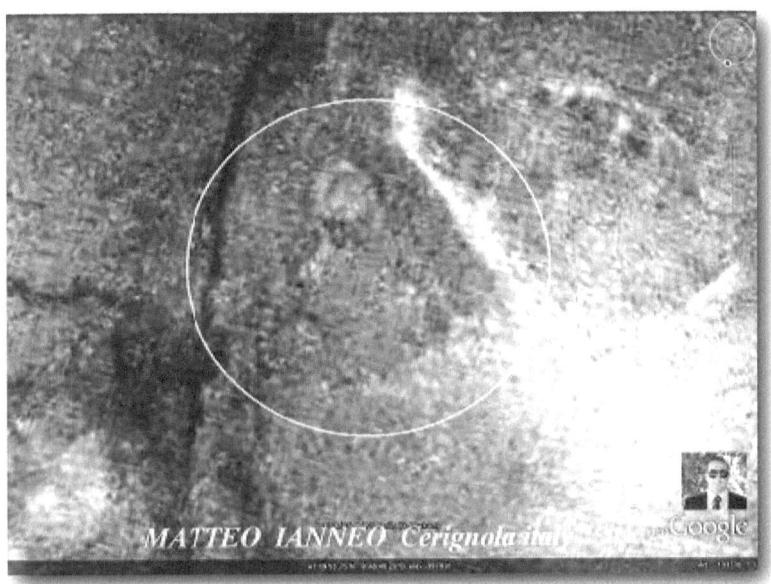

Fonte immagine: ESA/DLR/FU Berlin (G.Neukum)

Se riuscite a concentrarvi, nei pressi di questo volto ci sono le rovine di una città, dove i volti non sono effetto di pareidolia, ma sono veri monumenti appartenuti a questo popolo, una vera città antica.

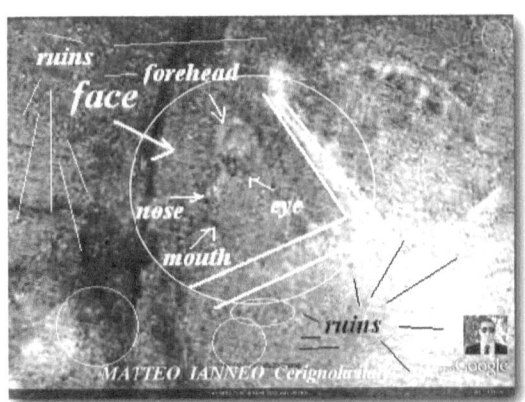

Fonte immagine: ESA/DLR/FU Berlin (G.Neukum)

Si nota un volto maschile con la fronte pronunciata, il naso suino e la bocca con un lungo pizzetto. Questo è ciò che i miei occhi osservano.

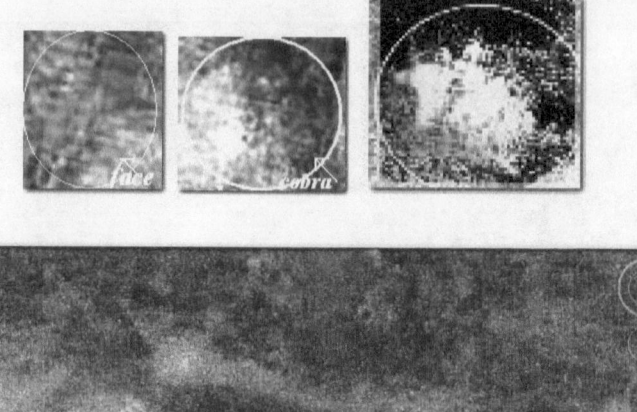

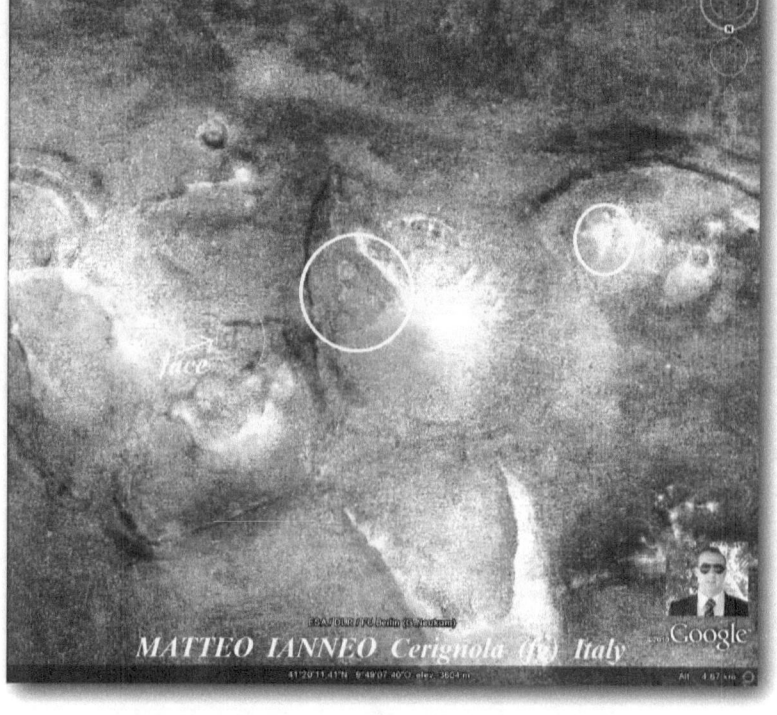

Fonte immagine: ESA/DLR/FU Berlin (G.Neukum)

Filtrata.

Fonte immagine: ESA/DLR/FU Berlin (G.Neukum)

Vista originale dell'immagine non trattata da filtri.

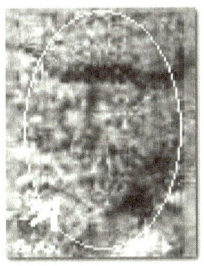

Come potete ben vedere, se non si ha un buon occhio questi particolari non vengono catturati, anche perché non facili da trovare. Ho impiegato molto tempo per analizzare questi elementi che, dopo diverse valutazioni personali, sembrano fondamentali e rappresentativi di una storia antica a noi sconosciuta.

Di volti ne ho trovati tanti e diversi, ma questo mi ha colpito per quello che rappresenta. Un volto di un essere particolare posto in una struttura a triangolo.

La posizione su
Google Earth è la seguente:
Latitude 42°19'36.80"N   Longitude 27°53'54.38"W

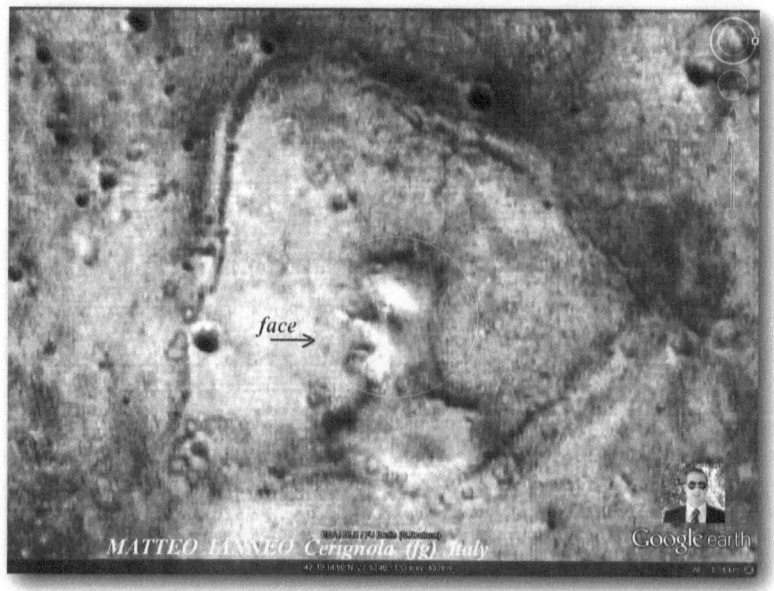

Fonte immagine: ESA/DLR/FU Berlin (G.Neukum)

Sembra messosi in posa per dedicarci una foto.

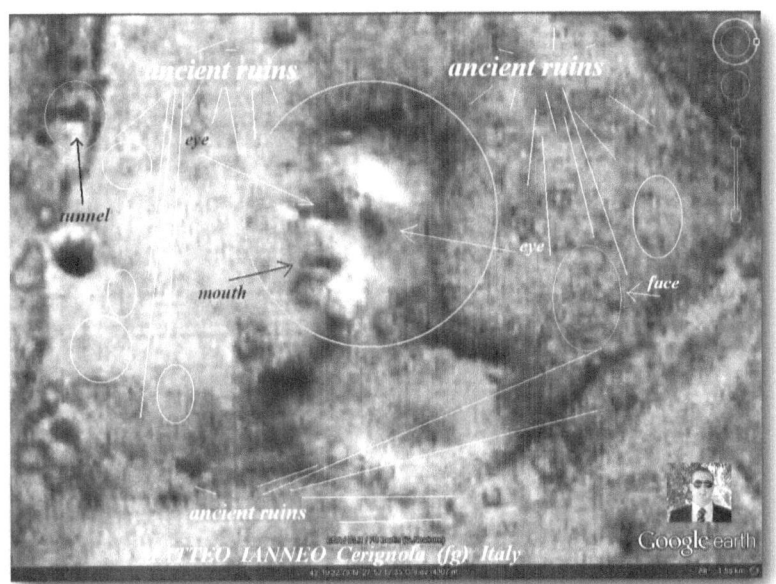

Fonte immagine: ESA/DLR/FU Berlin (G.Neukum)

Lo sguardo puntato su di noi e la bocca aperta, come se volesse dirci qualcosa.

Notiamo sulla sinistra una sorta d'ingresso, un tunnel.

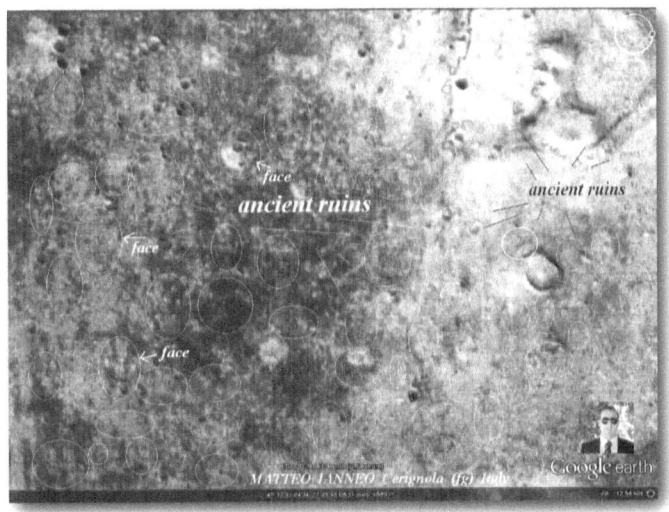

Fonte immagine: ESA/DLR/FU Berlin (G.Neukum)

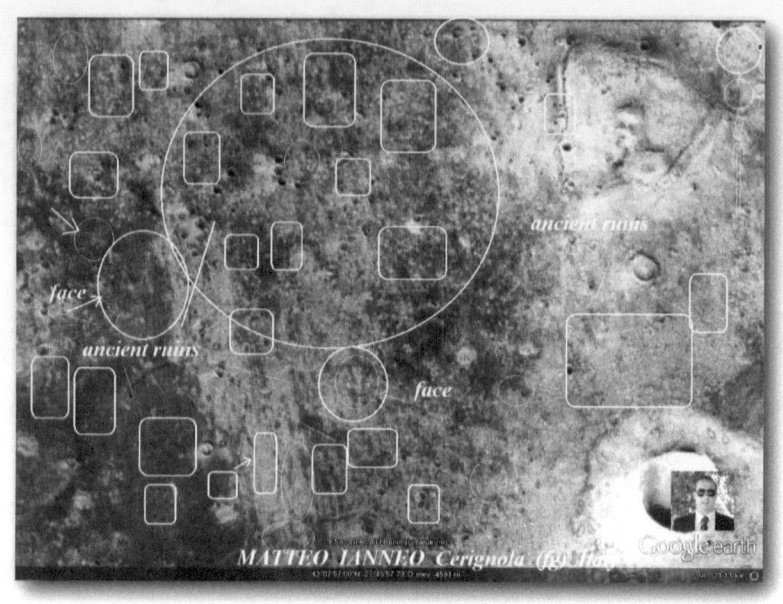

Fonte immagine: ESA/DLR/FU Berlin (G.Neukum)

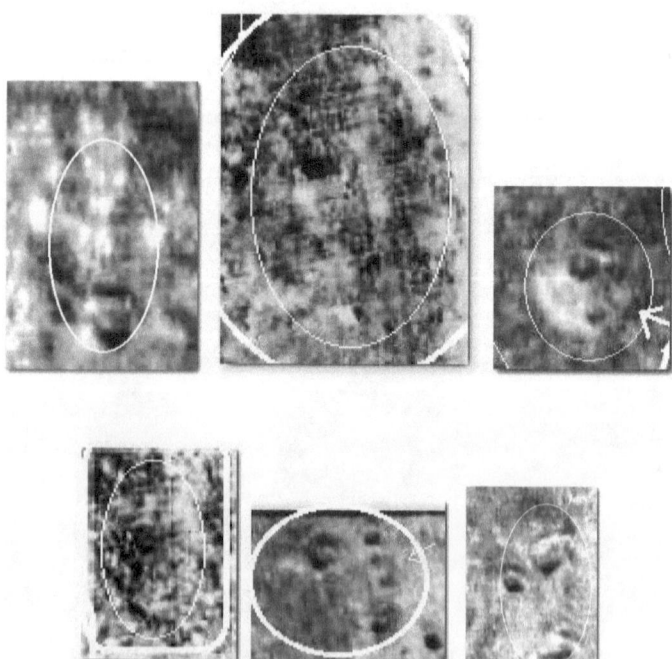

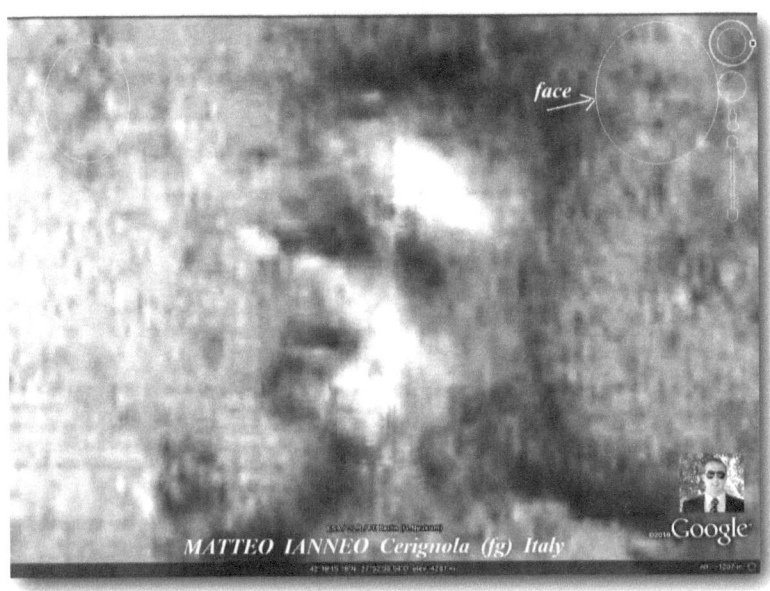

Fonte immagine: ESA/DLR/FU Berlin (G.Neukum)

Questo è in primo piano. Si nota la sua espressione con bocca aperta, il suo mento e il labbro inferiore.

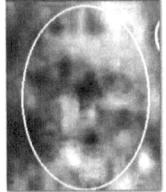

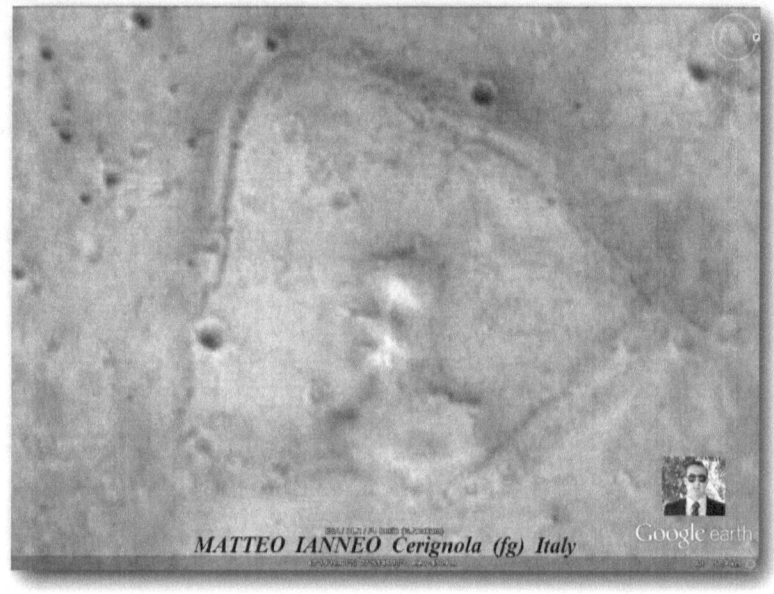

MATTEO IANNEO Cerignola (fg) Italy

Fonte immagine: ESA/DLR/FU Berlin (G.Neukum)

L'originale.

La posizione su

Google Earth è la seguente:

Latitude 42° 9'10.39"N   Longitude 27°44'21.45"W

Fonte immagine: ESA/DLR/FU Berlin (G.Neukum)

Fonte immagine: ESA/DLR/FU Berlin (G.Neukum)

Antiche rovine.

Fonte immagine: ESA/DLR/FU Berlin (G.Neukum)

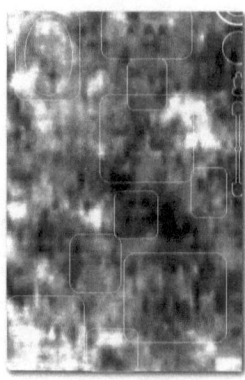

Un particolare che non pensavo di trovare è questa scultura a forma di tapiro che io ho voluto chiamare *Tempio*.

La posizione su

Google Earth è la seguente:

Latitude 40°19'54.40"N   Longitude 53°41'54.00"W

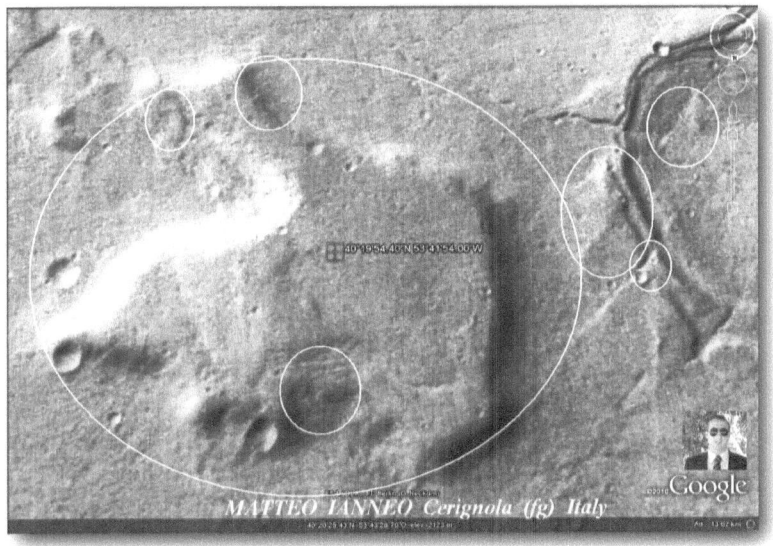

Fonte immagine: ESA/DLR/FU Berlin (G.Neukum)

In questa immagine notiamo dei grossi scaloni, in basso e a destra del *Tempio*, invece, si vedono dei profili la cui somiglianza m'induce a pensare agli antichi sumeri.

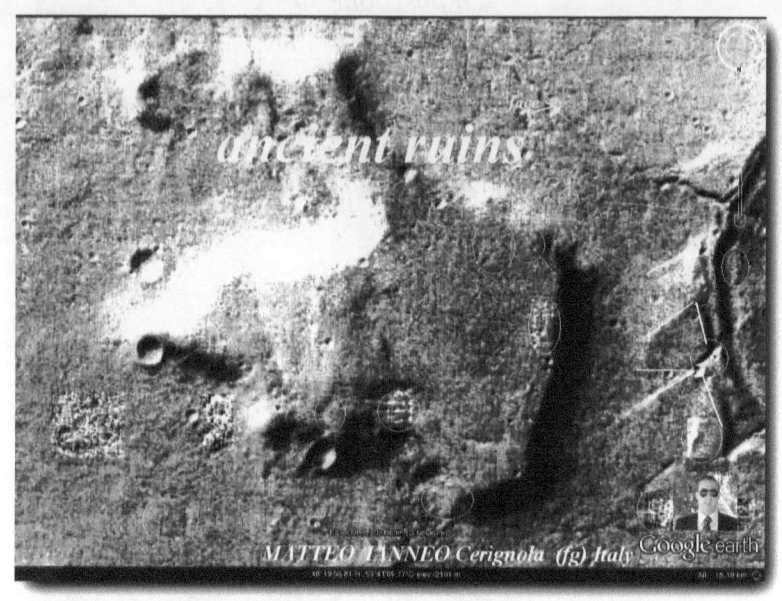

Fonte immagine: ESA/DLR/FU Berlin (G.Neukum)

Alla destra, in alto, troviamo due piramidi affiancate e dei profili.

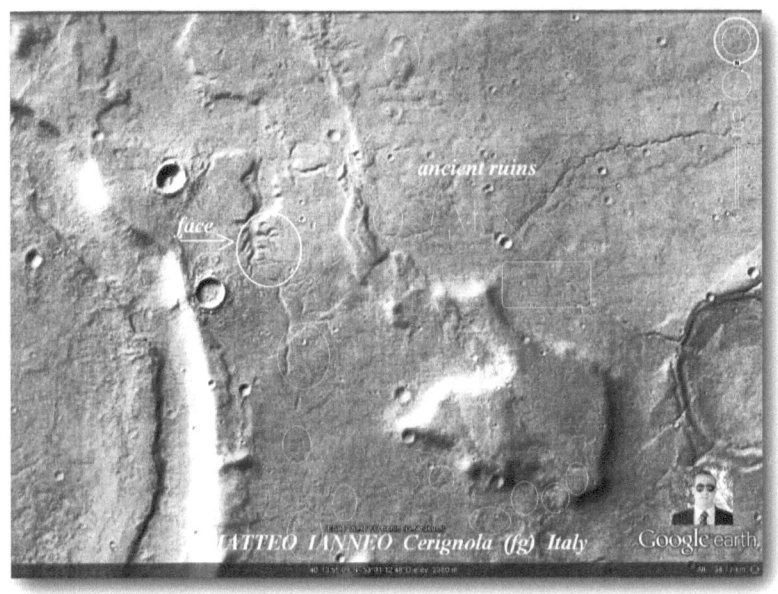

Fonte immagine: ESA/DLR/FU Berlin (G.Neukum)

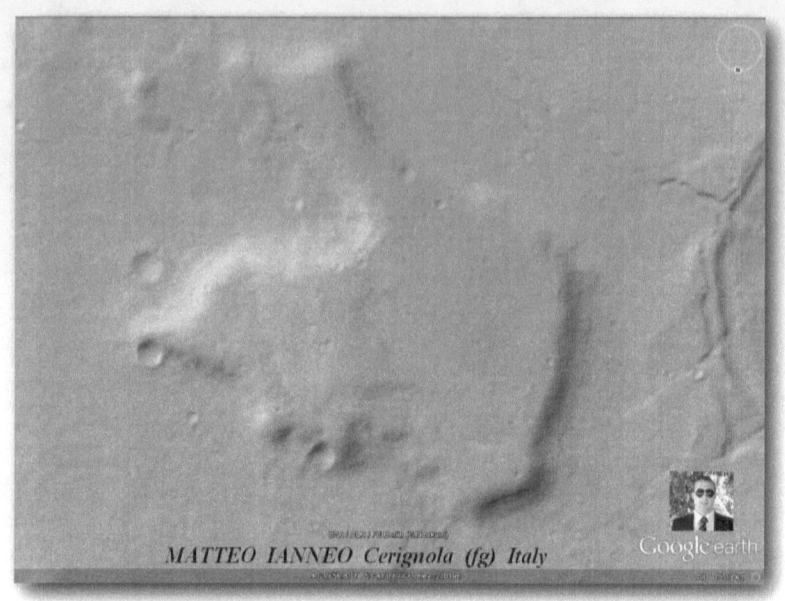

Fonte immagine: ESA/DLR/FU Berlin (G.Neukum)

L'originale.

Mentre continuavo ad analizzare altri posti del pianeta, colsi un altro particolare, quello di un profilo di una scultura simile alla sfinge dell'antico Egitto.

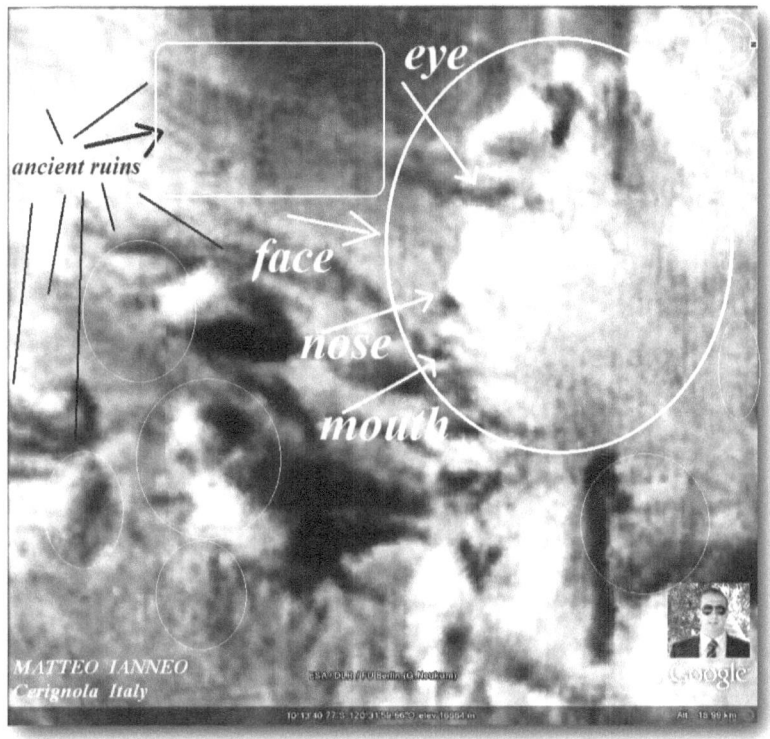

Fonte immagine: ESA/DLR/FU Berlin (G.Neukum)

Osserviamo in alto, a destra, il volto di un soggetto con le labbra pronunciate; ha lo sguardo di un essere potente, dal volto arrabbiato.

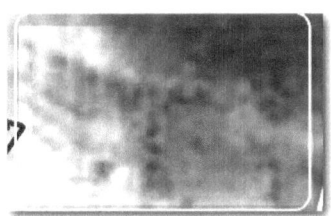

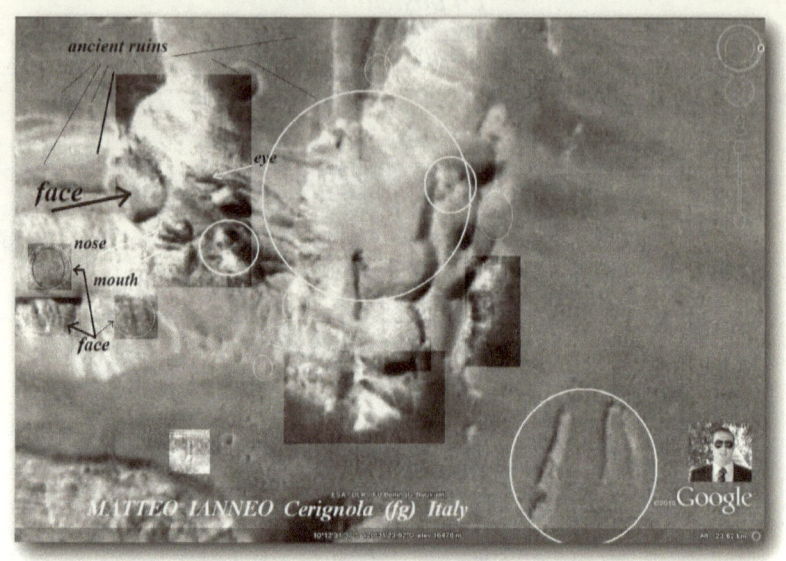

Fonte immagine: ESA/DLR/FU Berlin (G.Neukum)

Osserviamo, in basso, raffigurazioni di disegni fatti da popolazioni del passato. Si vede un volto scolpito nella roccia, che probabilmente rappresenta il luogo in cui sorgeva un'antica civiltà vissuta in questa zona del pianeta.

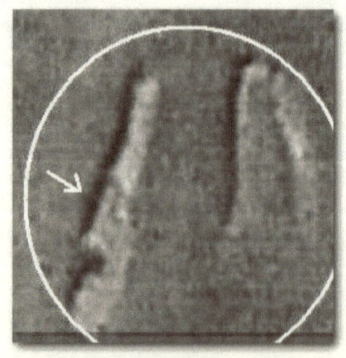

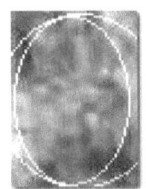 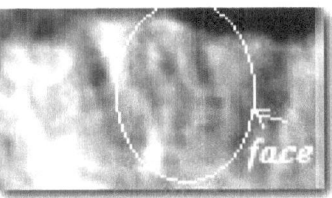

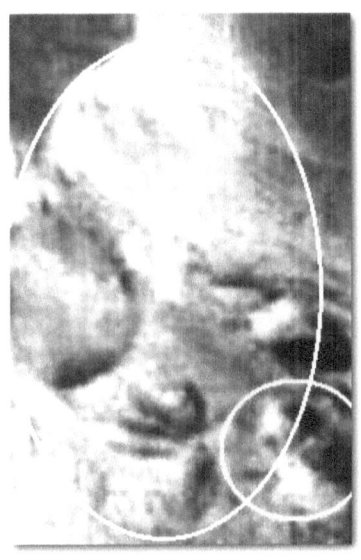

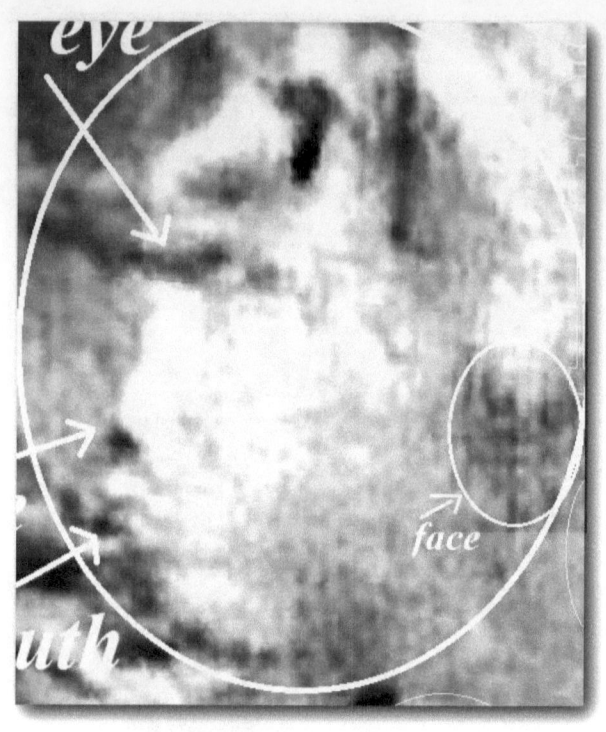

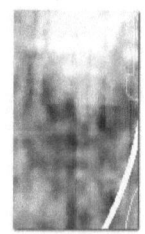

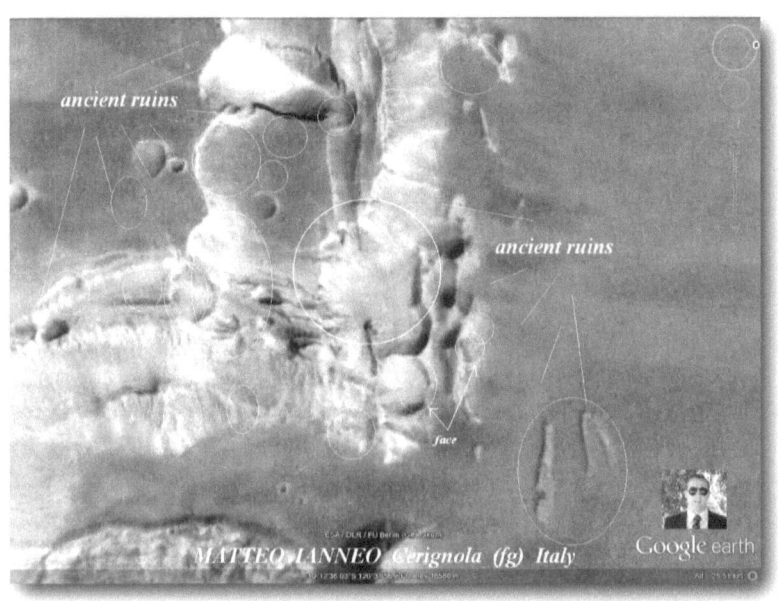

Fonte immagine: ESA/DLR/FU Berlin (G.Neukum)

L'originale.

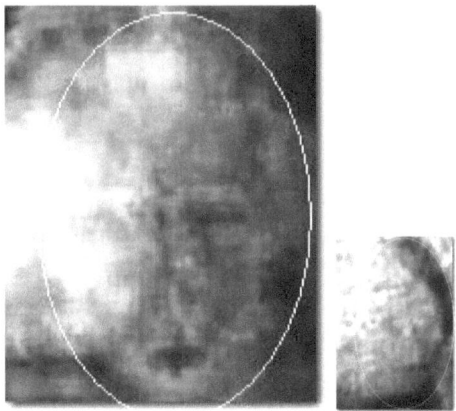

Poi ho scoperto una sensazionale immagine, un particolare importante.

La posizione su

Google Earth è la seguente:

Latitude 13°45'50.62"S   Longitude 107°59'19.87"W

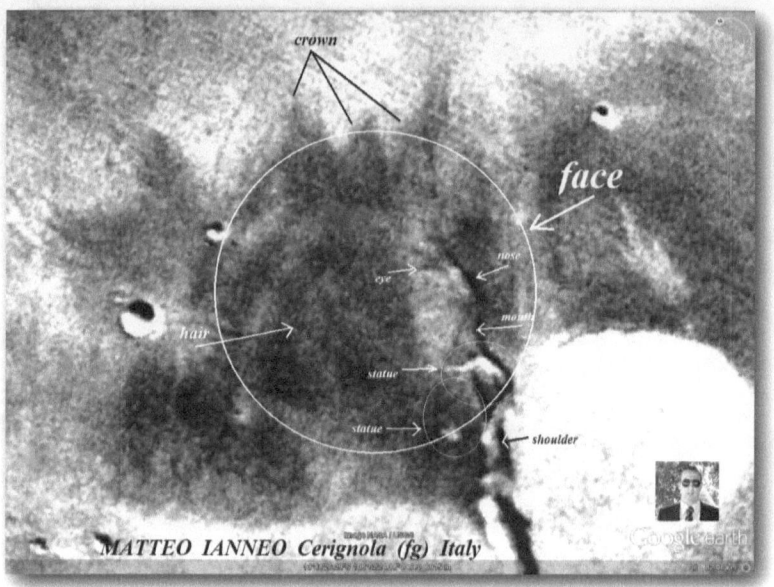

Fonte immagine: NASA / USGS

Il profilo di un re con una corona sulla testa.

Infatti, notiamo un profilo con occhio, naso a pappagallo e bocca con pizzetto. Sotto di esso si vede la raffigurazione di una statuetta posta in piedi, con capelli neri, e con un braccio alzato verso la sua destra come a indicare qualcosa. Il braccio sinistro riposa lungo il fianco. Ancora più avanti, qui in basso al centro, possiamo notare una statua di profilo con i capelli alzati, tipo le raffigurazioni degli dei come Iside e così via. Si vede anche la sua spalla con il braccio. Sembrerebbe il passaggio verso l'accesso a qualche luogo, e si distingue una raffigurazione di statue poste lungo il percorso.

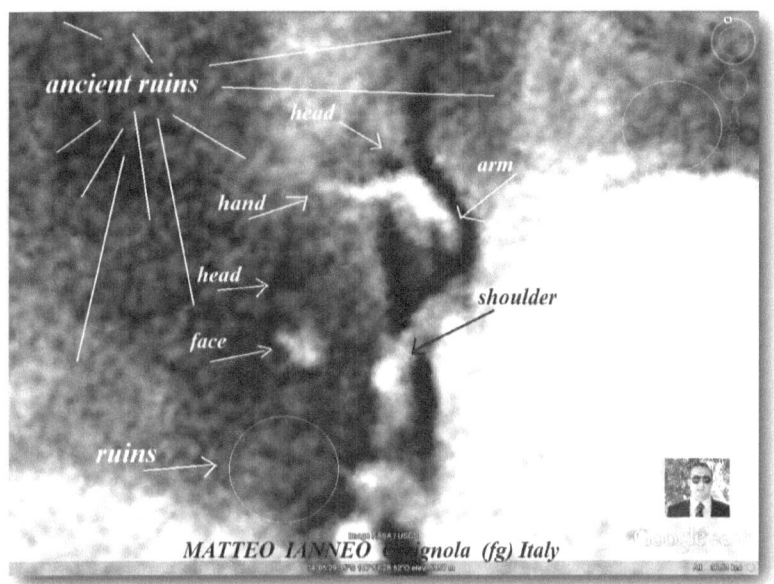

Fonte immagine: NASA / USGS

Ecco i particolari delle due statue, una piccola sopra, in alto, con due braccia, e il braccio destro alzato con il palmo della mano aperto, e sotto il profilo di una statua femminile con il volto, i capelli alzati, la spalla e il suo braccio sinistro ben visibili.

Fonte immagine: NASA / USGS

Altra vista.

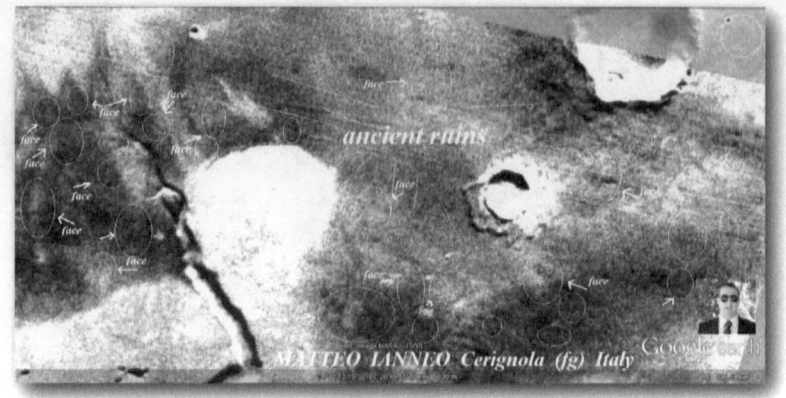

Fonte immagine: NASA / USGS

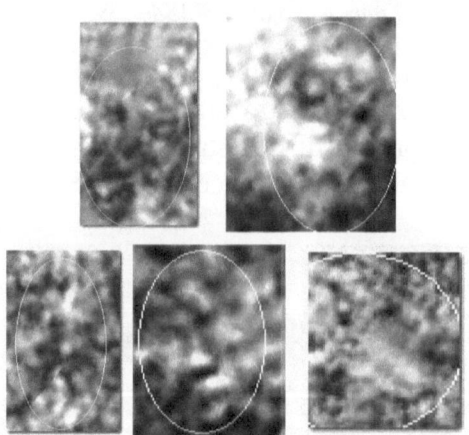

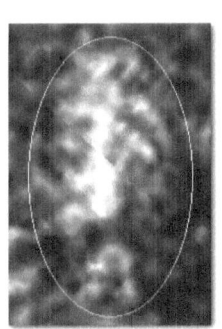

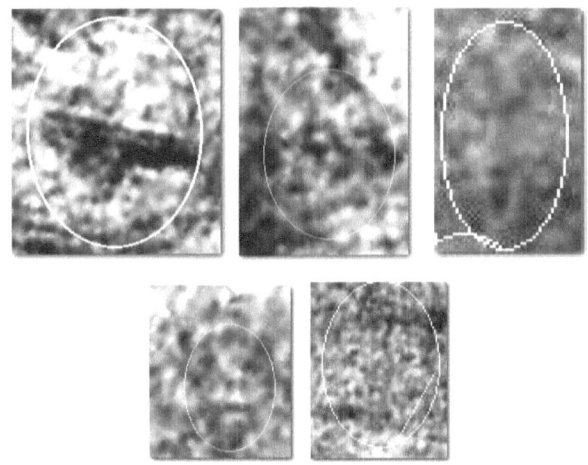

La posizione su
Google Earth è la seguente:
Latitude 13°45'50.62"S   Longitude 107°59'19.87"W

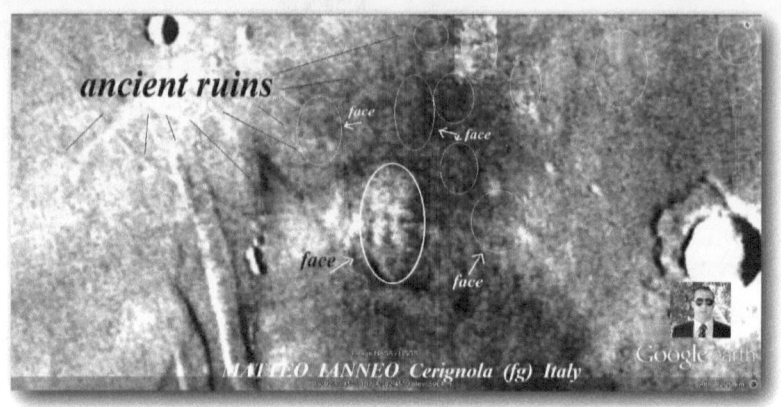

Fonte immagine: NASA / USGS

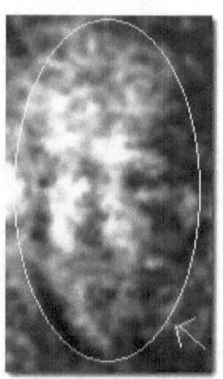

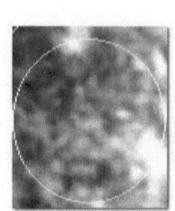 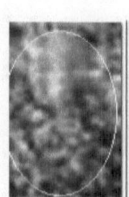 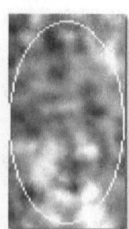

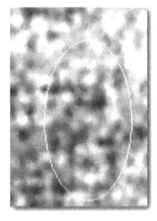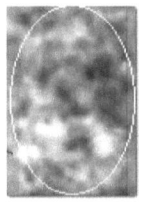

Il mio sguardo era sempre più concentrato e quindi non tralasciava nulla. Osservavo attentamente quello che poteva colpire i miei sensi. Un giorno trovai questo particolare che a prima vista non dava nessun risultato ma, dopo alcune elaborazioni di filtraggio, ottenni questo particolare, quello di una città antica.

La posizione su

Google Earth è la seguente:

Latitude 36°11'27.97"N   Longitude 5° 23'17.17"W

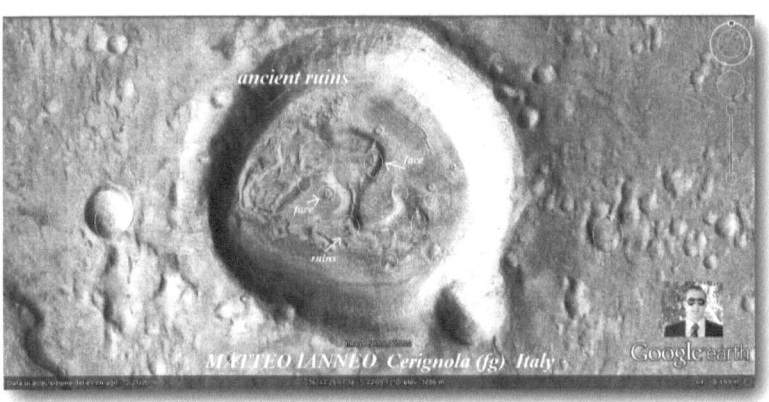

Fonte immagine: ESA/DLR/FU Berlin (G.Neukum)

Notiamo in questa immagine i diversi elementi che la compongono. Monumenti, almeno ciò che ne rimane, poi, sotto, una specie d'ingresso con una cupola. Sembra essere un tempio con una raffigurazione che somiglia a una casa matta russa. Ovviamente questa è una mia ipotesi.

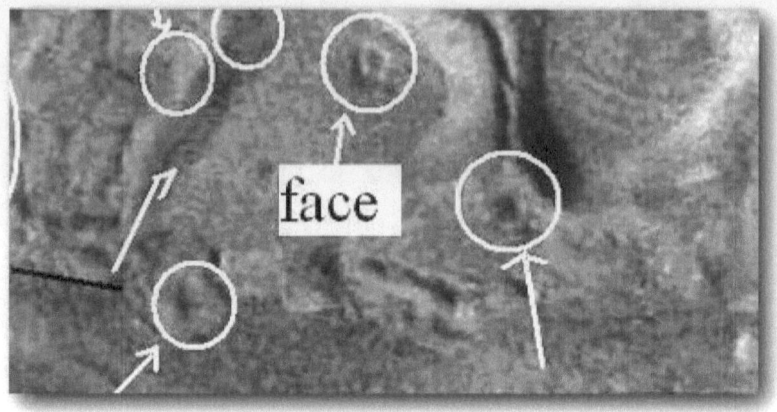

Ho zoomato l'immagine per farvi vedere quello che ho scrutato. Se non l'avessi ingrandito molti di voi non l'avrebbero notato. Questi sono resti di rovine di un'antica civiltà. La maggior parte delle civiltà antiche di Marte si nascondevano dentro grosse grotte poste dentro delle montagne.

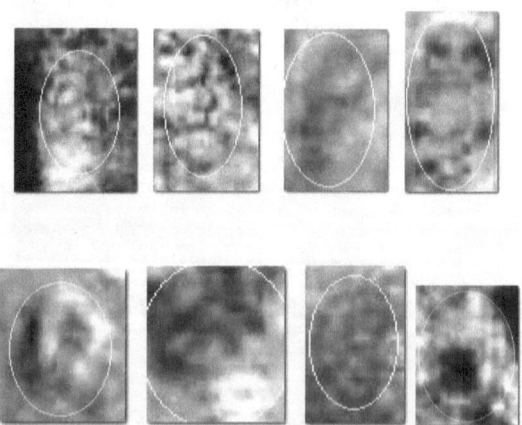

Fonte immagine: ESA/DLR/FU Berlin (G.Neukum)

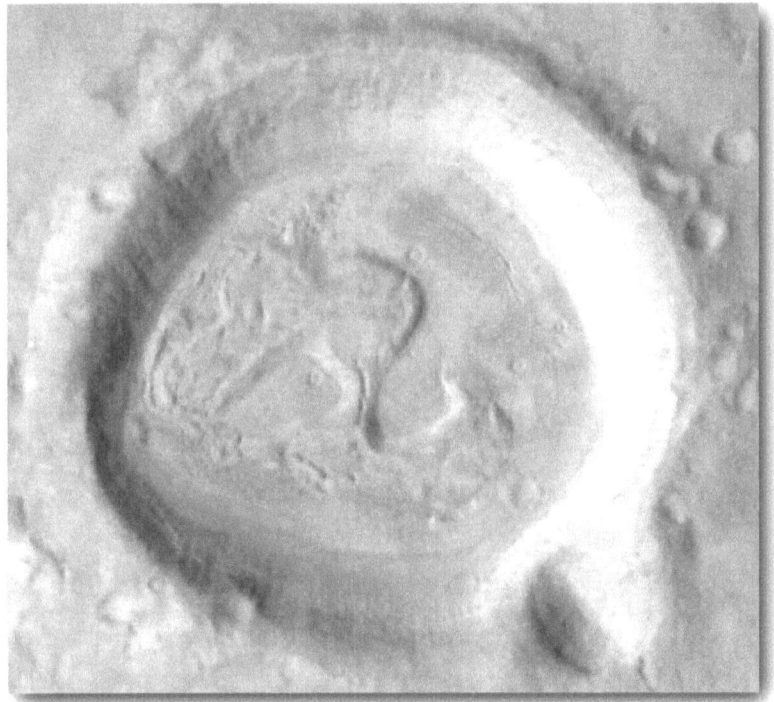

Fonte immagine: ESA/DLR/FU Berlin (G.Neukum)

L'originale.

Continuando le mie ricerche, ho scovato un elemento familiare: una raffigurazione di un volto con un cappello sulla testa. Iniziavo a chiedermi se davvero l'uomo non fosse mai stato sul pianeta rosso. Questo elemento, secondo le mie analisi, raffigura un uomo con un colbacco sulla testa, come un soldato russo. Oltre all'occhio e al naso, sono visibili una barbetta bianca e un colletto. Pur trattandosi di mie ipotesi, inizio a persuadermi che qualcuno sia giunto lì già da tempo.

La posizione su

Google Earth è la seguente:

Latitude 39°49'11.08"S   Longitude 139°52'7.18"W

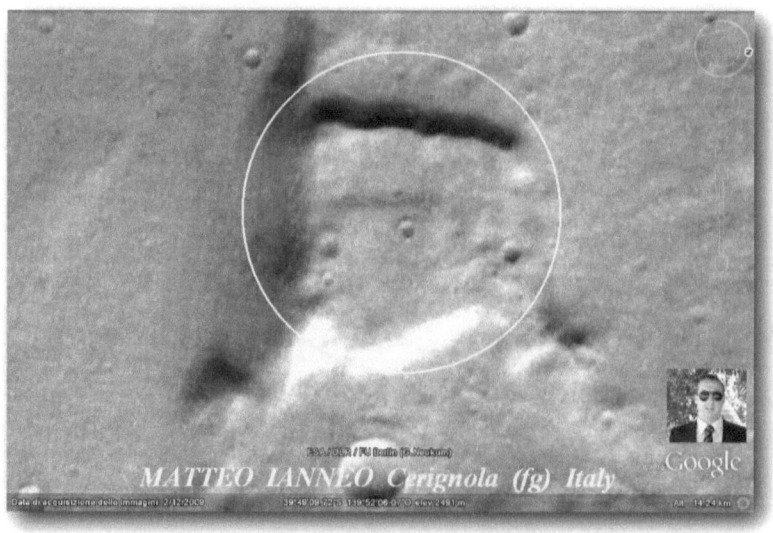

Fonte immagine: ESA/DLR/FU Berlin (G.Neukum)

Sì, non è da escludere che possa essere un effetto ottico. Ma se questo fosse il risultato di eventi naturali, bisogna ammettere che ci troviamo di fronte a una natura davvero intelligente.

Fonte immagine: ESA/DLR/FU Berlin (G.Neukum)

Con filtro.

Fonte immagine: ESA/DLR/FU Berlin (G.Neukum)

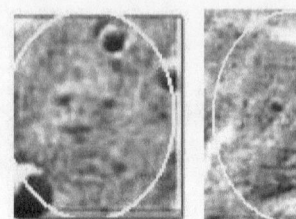

La posizione su

Google Earth è la seguente:

Latitude 39°54'45.81"S   Longitude 139° 5'58.30"W

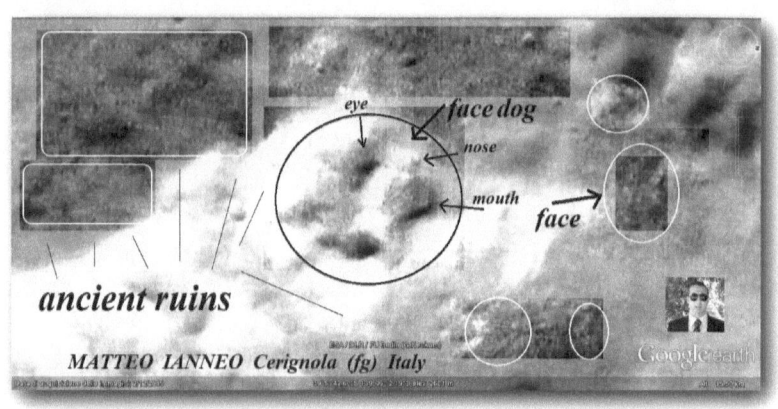

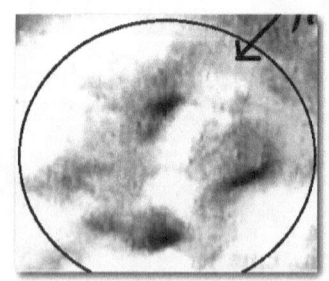

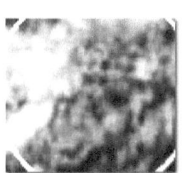

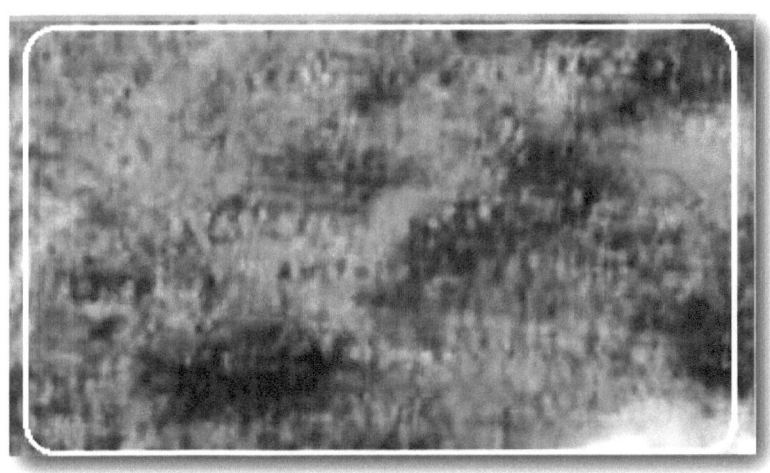

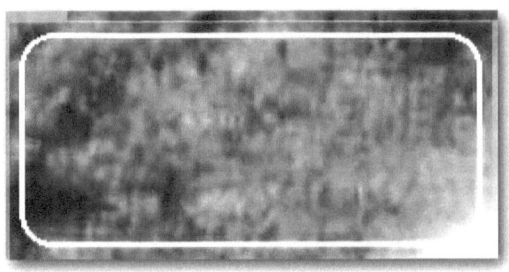

Fonte immagine: ESA/DLR/FU Berlin (G.Neukum)

L'originale.

Questo volto raffigura qualcosa di diverso: il volto di un essere alieno.

La posizione su

Google Earth è la seguente:

Latitude 37°27'14.20"N   Longitude 4°36'11.18"E

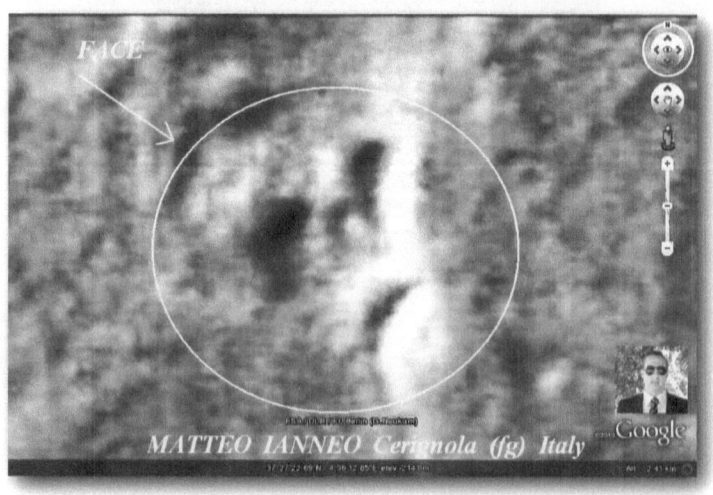

Fonte immagine: ESA/DLR/FU Berlin (G.Neukum)

Occhi, bocca, naso, elementi che nei nostri comuni sensi sono presenti ogni giorno. Se questo volto può essere una coincidenza della natura, quello che mi ha fatto cambiare idea è il dettaglio dell'immagine successiva.

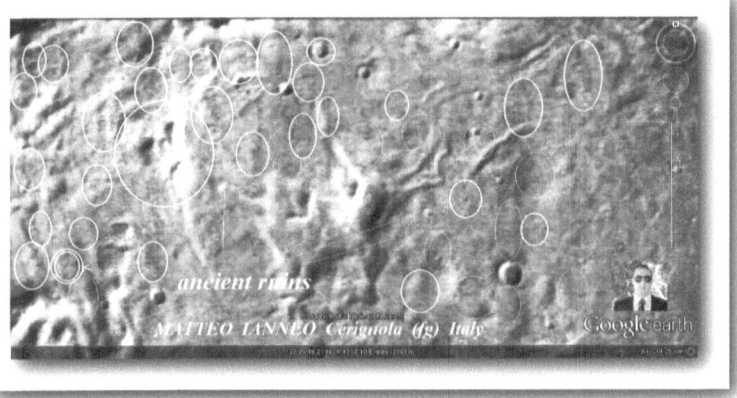

Se guardate bene l'elemento alla sinistra dell'immagine, messo in evidenza da un cerchio, si nota un volto femminile che guarda verso il basso. Un altro monumento. Altri particolari li trovate nell'immagine successiva.

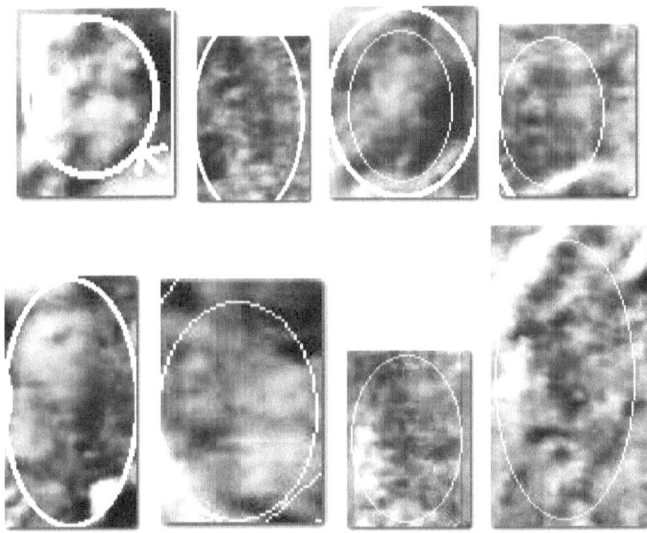

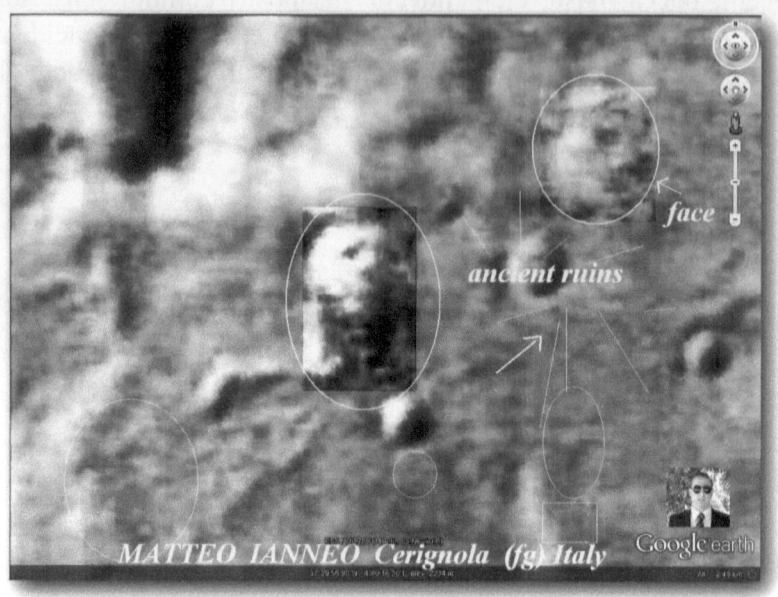

immagine: ESA/DLR/FU Berlin (G.Neukum)

In alto a destra s'intravede un volto raggiungibile mediante gli scalini. Potrebbe trattarsi di antiche vestigia ormai deteriorate dal tempo.

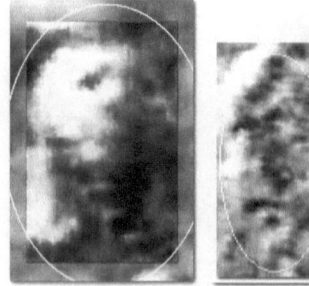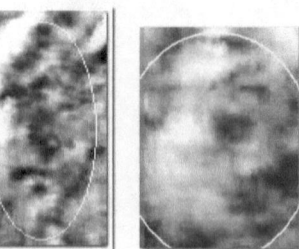

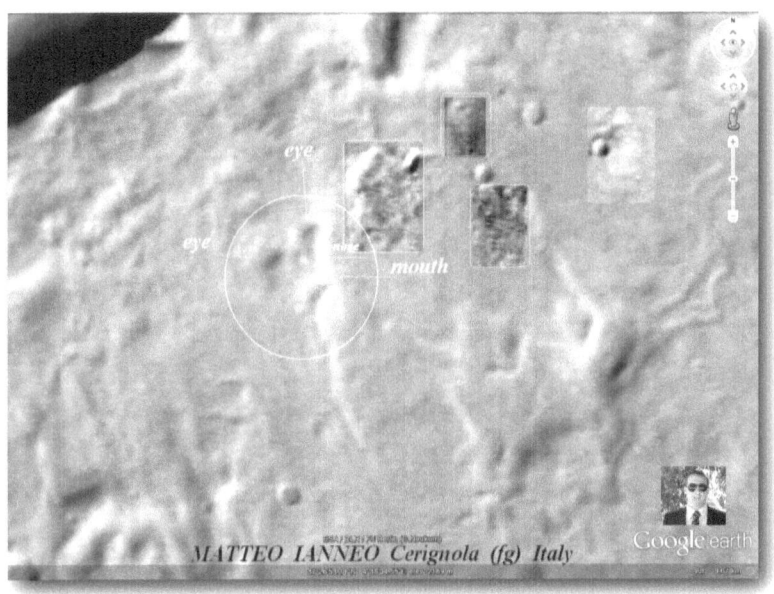

immagine: ESA/DLR/FU Berlin (G.Neukum)

L'originale.

Un altro volto di profilo interessante.

La posizione su

Google Earth è la seguente:

Latitude 39°32'03.93"N   Longitude 5°35'39.76"E

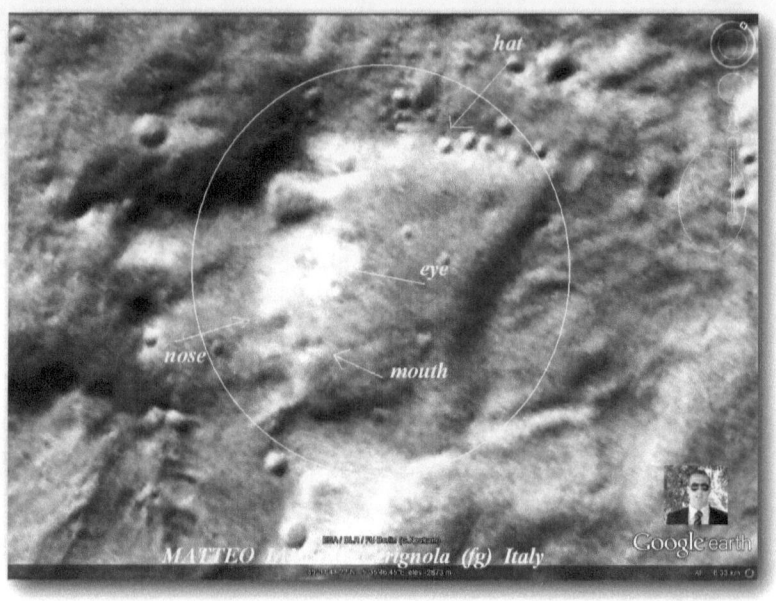

Fonte immagine: ESA/DLR/FU Berlin (G.Neukum)

Un volto, anch'esso con qualcosa sulla testa, con una barba piuttosto lunga, simile a quella portata dagli egiziani.

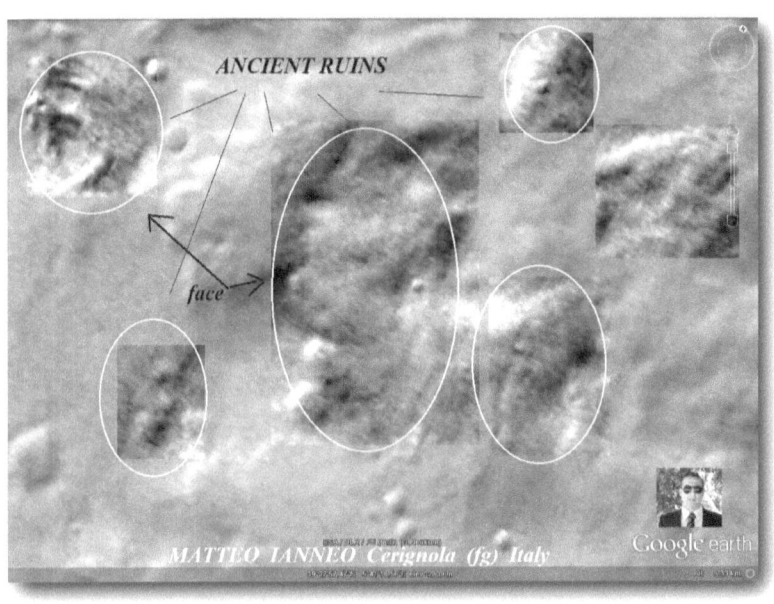

Fonte immagine: ESA/DLR/FU Berlin (G.Neukum)

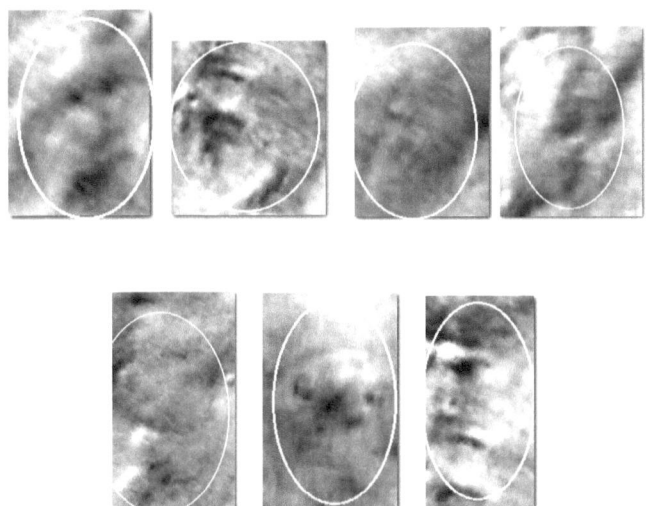

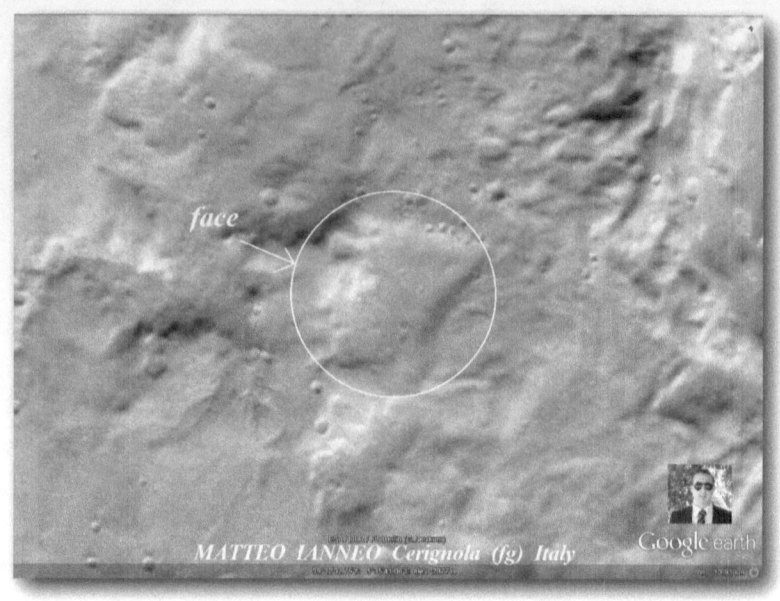

Fonte immagine: ESA/DLR/FU Berlin (G.Neukum)

L'originale.

Mentre osservavo e girovagavo con l'occhio attento a cogliere particolari interessanti, ho notato quest'essere con gambe e piedi. Un essere particolare scolpito nella roccia a testimonianza di una civiltà esistita a suo tempo. Guardate!

La posizione su
Google Earth è la seguente:
Latitude 22°43'27.89"N   Longitude 132°51'36.30"W

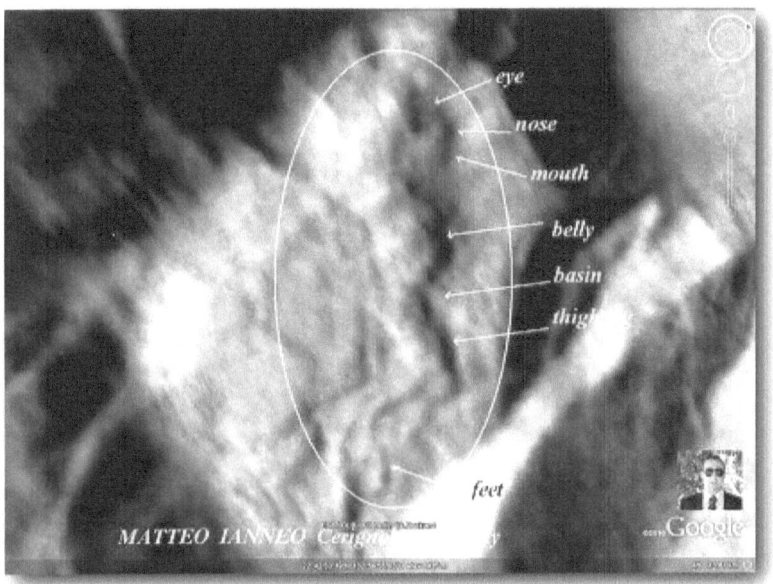

Fonte immagine: ESA/DLR/FU Berlin (G.Neukum)

Se analizziamo assieme, notiamo il volto di un essere di profilo con occhio, naso, bocca, pancia con bacino, cosce e piedi. Un essere curioso in tutto e per tutto, un essere dominatore di quella civiltà.

Fonte immagine: ESA/DLR/FU Berlin (G.Neukum)

Eccolo qui nella visuale originale.

Ancora un altro particolare: un essere con la bocca molto grande, sempre di profilo.

La posizione su

Google Earth è la seguente:

Latitude 13°54'39.89"S   Longitude 139°50'17.65"W

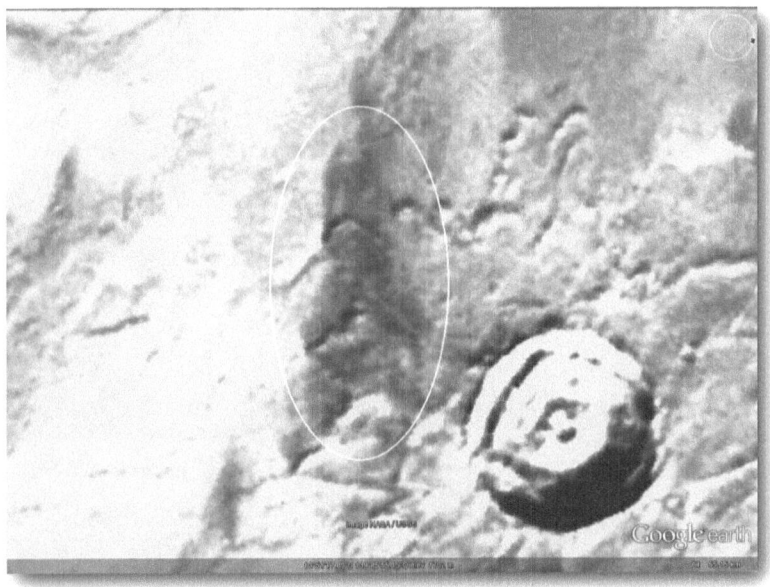

Fonte immagine: NASA / USGS

Una specie di statuetta con una bocca simile a quella dei pesci. S'intravede l'occhio, il naso e la bocca. Sembra un monumento dalle cui fessure si accedeva alla città, nascosta all'interno della montagna.

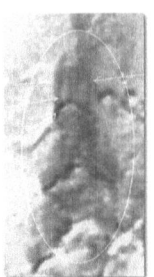

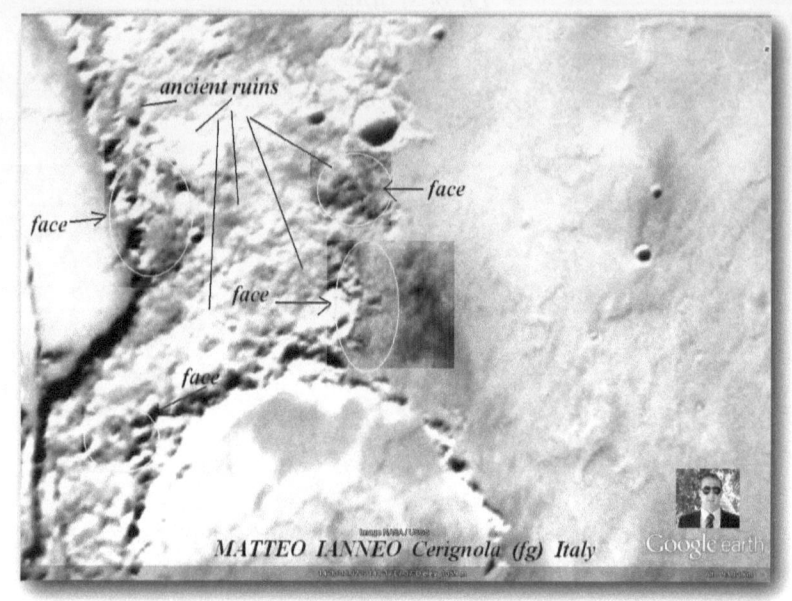

Fonte immagine: NASA / USGS

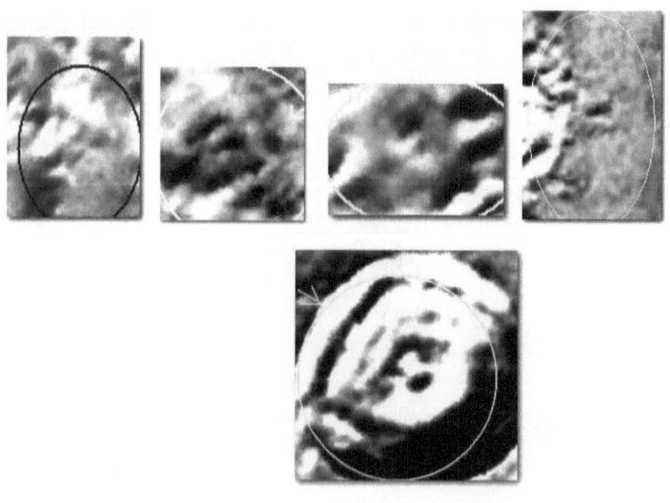

Fonte immagine: NASA / USGS

L'originale.

La mia esplorazione continuava nel tentativo di ricercare altri preziosi particolari. Tanti sono i volti individuati, ma ho dovuto scartare dalla mia esplorazione quelli non troppo distinguibili e poco evidenti.

Il seguente mi colpì di più e ritenni di tenerlo nel mio bagaglio esplorativo.

la posizione su

Google Earth è la seguente:

Latitude 37°2'54.94"N   Longitude 12°13'4.19"W

Fonte immagine: ESA/DLR/FU Berlin (G.Neukum)

Con la mia fantasia, osservando questo volto, ho pensato subito a un condottiero, forse un uomo che combatté per la difesa del suo popolo e della sua città. Si vede bene l'occhio chiuso.

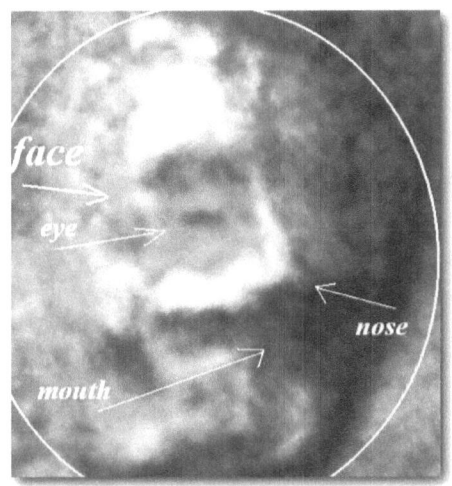

Qui i dettagli: l'occhio, il naso, la bocca e, forse, un elmo protettivo indossato per proteggersi.

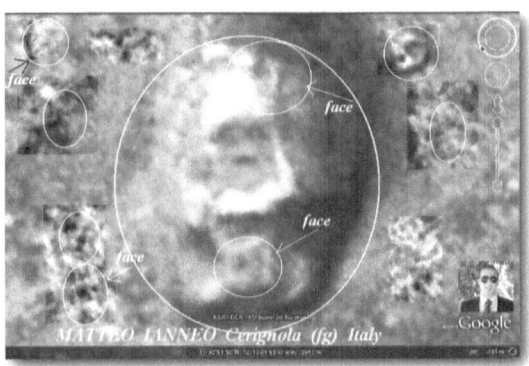

Fonte immagine: ESA/DLR/FU Berlin (G.Neukum)

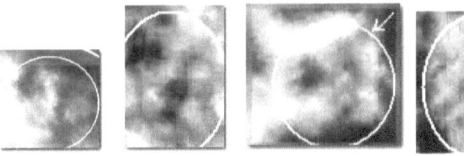

Poiché le sorprese non mancano mai, ecco un nuovo animale entrato a fare parte della mia collezione.

la posizione su
Google Earth è la seguente:
Latitude 37°10'25.36"N   Longitude 4° 4'48.48"E

Fonte immagine: ESA/DLR/FU Berlin (G.Neukum)

A primo impatto quello che colpì la mia retina e i miei sensi fu la sagoma di uno struzzo. Il collo lungo, il becco e un occhio. Questa scoperta ha rafforzato in me la certezza che sul pianeta rosso ci sono troppe similitudini con la Terra: una vita nata parallelamente su entrambi i pianeti, oppure un emigrazione o un'eventuale evasione da Marte alla Terra.

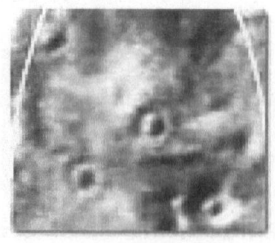

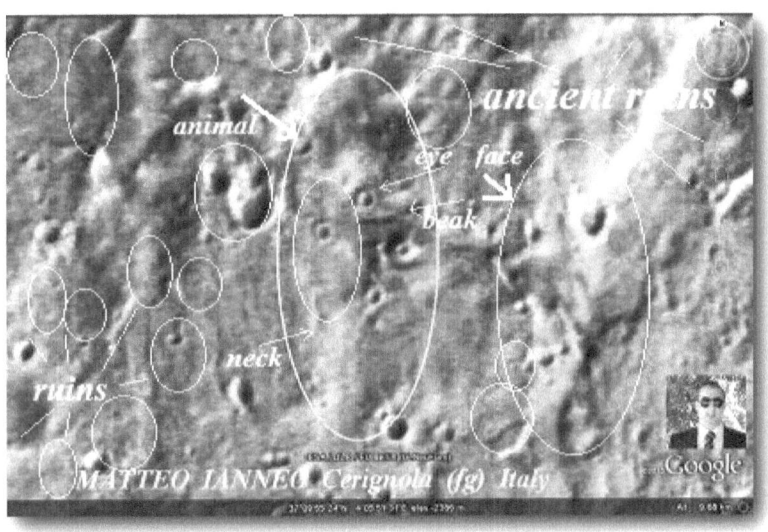

Fonte immagine: ESA/DLR/FU Berlin (G.Neukum)

Nei dettagli.

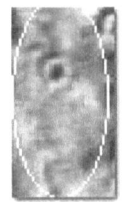 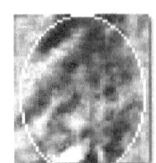  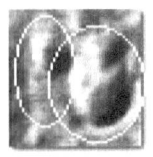  

107

Giungiamo alla sezione dedicata alle figure animalesche. Ho trovato questo insieme di elementi.

la posizione su

Google Earth è la seguente:

Latitude 36°22'47.39"N   Longitude 22°58'41.07"E

Fonte immagine: ESA/DLR/FU Berlin (G.Neukum)

Qui sotto in basso si presenta un esemplare canino con una raffigurazione che ricorda quella tipica dei cartoni animati; sopra di esso un altro animale con bocca, occhio chiuso e collo allungato. Ancora più su ho scoperto la sagoma di un faraone visto di profilo, isolato e messo in evidenza in seguito.

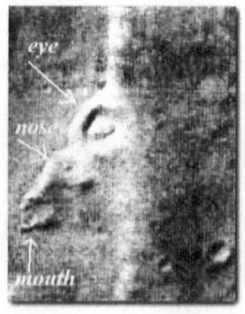 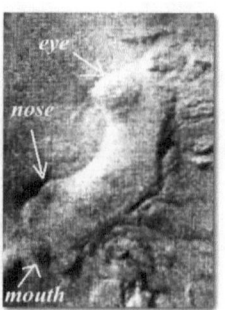

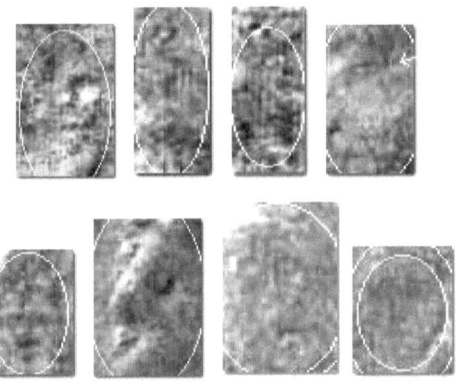

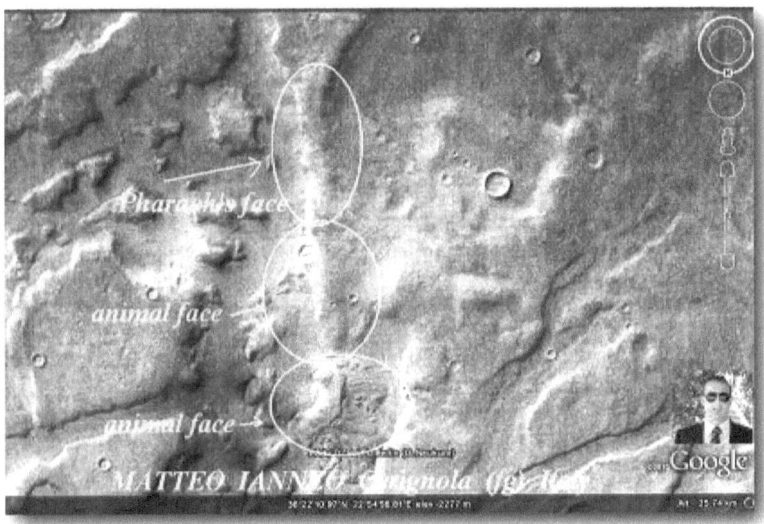

Fonte immagine: ESA/DLR/FU Berlin (G.Neukum)

Qui in un'altra posizione.

Il faraone l'ho reso libero e, dissociandolo, l'ho messo in evidenza.

la posizione su

Google Earth è la seguente:

Latitude 36°17'39.44"N Longitude 22°58'29.99"E

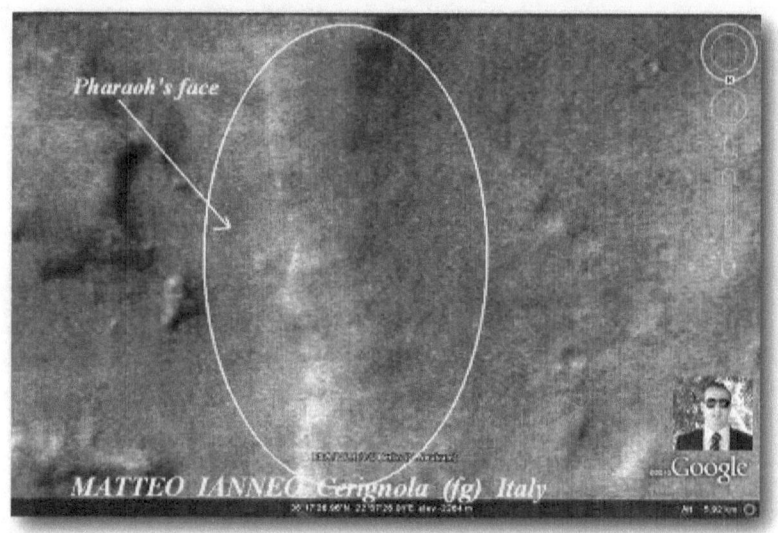

Fonte immagine: ESA/DLR/FU Berlin (G.Neukum)

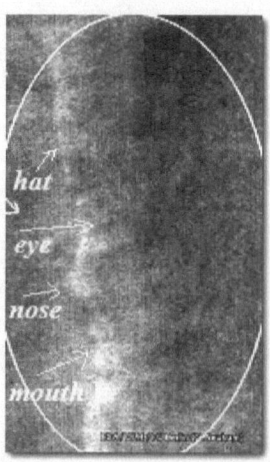

Ci vuole un occhio particolarmente attento. Alcuni di voi penseranno che sono un pazzo. Intanto io vedo un faraone. Noto un profilo con mento pronunciato, bocca, naso, occhio e fronte. Sulla testa porta un copricapo, quello tipico dei faraoni.

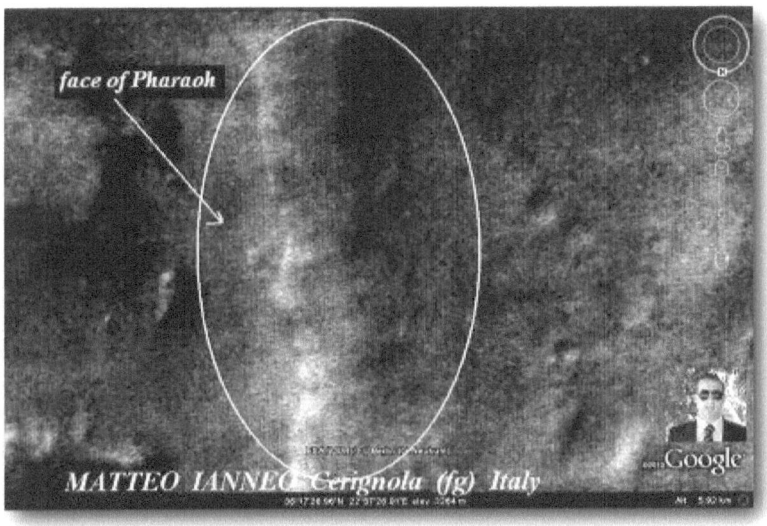

Fonte immagine: ESA/DLR/FU Berlin (G.Neukum)

Eccolo qui, trattato con filtro per rendere più evidenti i particolari. Credo che queste sculture siano così antiche da essere state deteriorate dall'erosione e dal passar del tempo.

Ma di faraoni ne ho trovato molti altri.

la posizione su
Google Earth è la seguente:
Latitude 72°39'31.45"N   Longitude 124°12'34.53"W

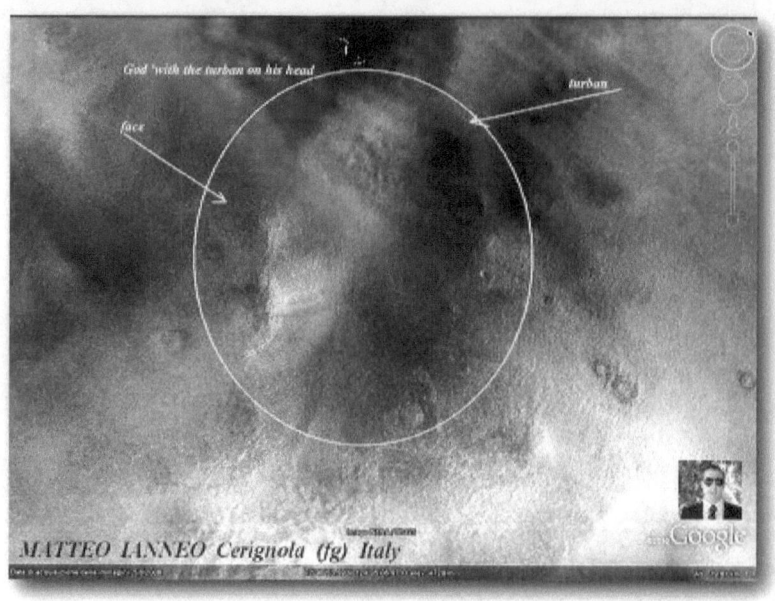

Fonte immagine: NASA / USGS

Eccolo qui. Purtroppo è stato "bannato" forse da chi non desidera che venga scoperto. Notiamo il suo capo avvolto da un turbante, il volto nascosto dove s'intravede il viso: naso, occhio e bocca, con barba prolungata tipica dei faraoni. Qualcuno nasconde la verità ma… noi osserviamo.

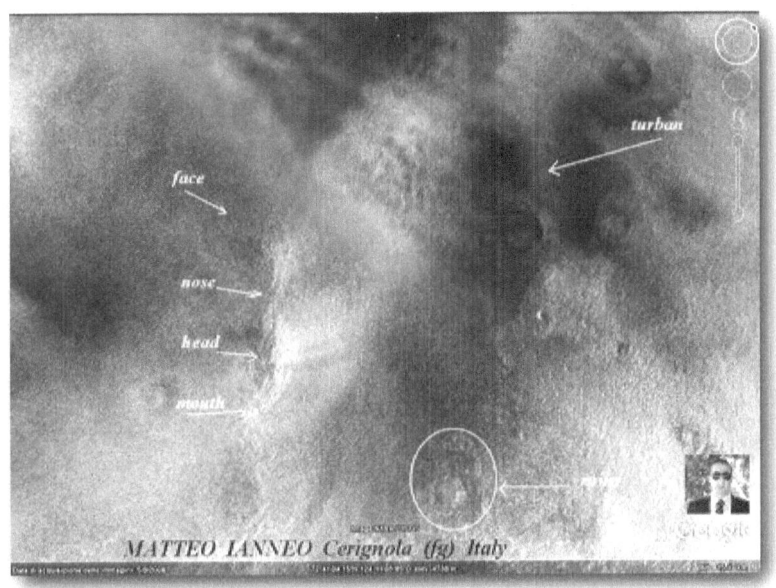

Fonte immagine: NASA / USGS

Eccolo qui il nostro faraone.

Sotto di lui, in basso al centro s'intravede una struttura antica come un porticato, forse adibito per l'ingresso in un'altra città. Non ho prove di come facessero a costruire questi enormi volti, ma un'idea me la sono fatta. Qualcuno utilizzava qualche arnese dall'alto. Astronavi in grado di ottenere delle sculture senza la mano del popolo. Con dei computer modellavano a proprio piacimento i volti legati alla loro storia. Da qualche parte vi era lo sbarco e l'imbarco per l'accesso alle navi spaziali, mentre la vita si sviluppava sotto la superficie del pianeta. Sono convinto che se dovessimo esplorare Marte nel sottosuolo, ci vorrebbero secoli per comprendere e conoscere le civiltà che l'hanno popolato con le sue dinastie.

Ovviamente questa è sempre una mia ipotesi. Adesso seguitemi attentamente.

Una nuova creatura.

la posizione su
Google Earth è la seguente:
Latitude 11°10'13.46"S   Longitude 121° 7'28.88"W

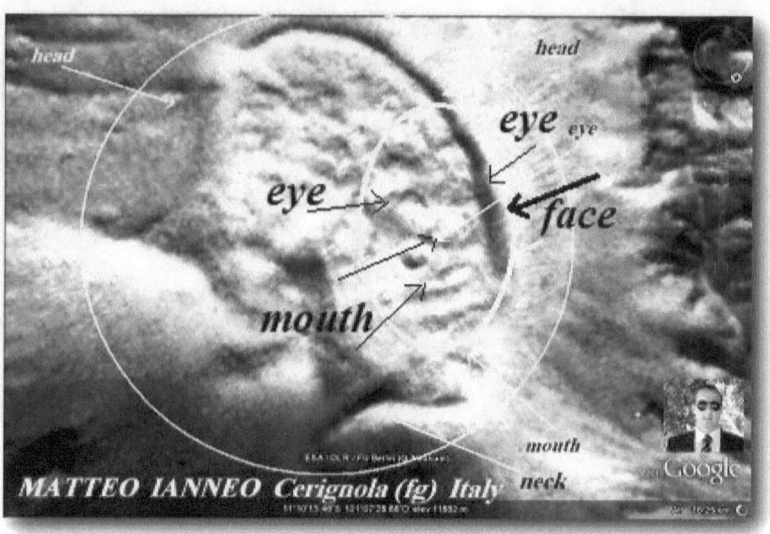

Fonte immagine: ESA/DLR/FU Berlin (G.Neukum)

In questa immagine si nota una creatura che indossa qualcosa come un casco. Dalla sua conformazione notiamo la bocca, somigliante a quella dei pesci. Immagino una creatura degli abissi. L'ho denominata *L'uomo degli abissi*. Si vedono l'occhio, la testa e il collo.

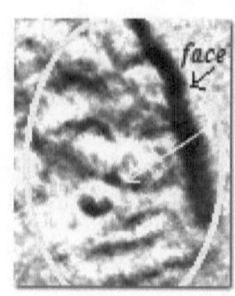

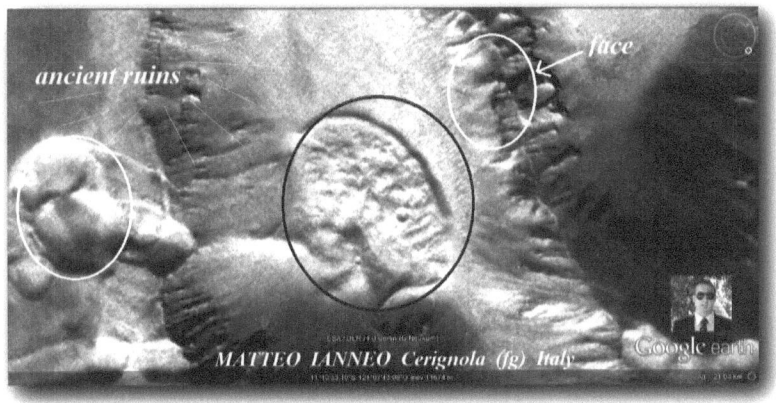

Fonte immagine: ESA/DLR/FU Berlin (G.Neukum)

Con altro filtro.

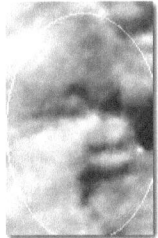

Continuando a scrutare la superficie marziana ho scovato un altro esemplare di animale, forse un lupo o un orso.

la posizione su
Google Earth è la seguente:
Latitude 14°4'57.83"S   Longitude 133° 7'57.31"E

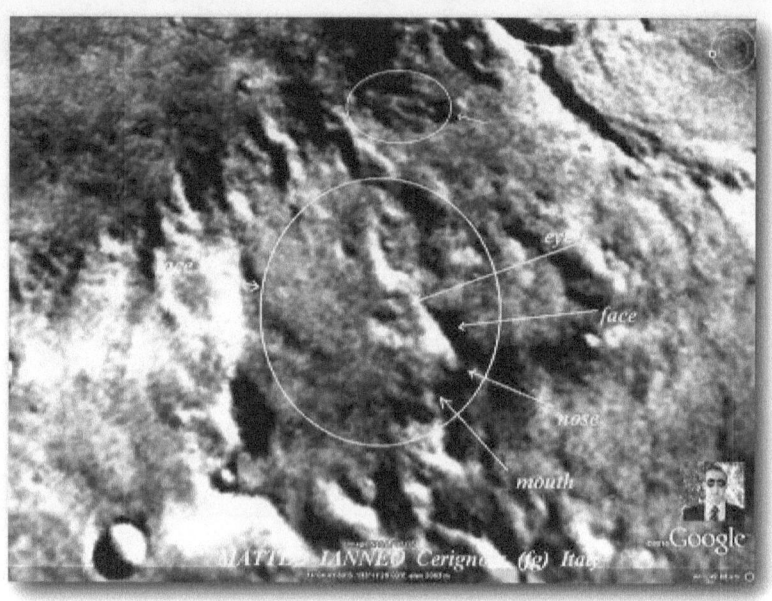

Fonte immagine: NASA / USGS

Ho voluto conservare questa immagine. Anche se dovesse trattarsi di pareidolia, ciò che m'inquieta è l'oggetto posto in alto, al centro. Ha la forma di uno schiaccianoci. Non credo che la natura abbia modellato quest'oggetto per restituirlo ai nostri occhi.

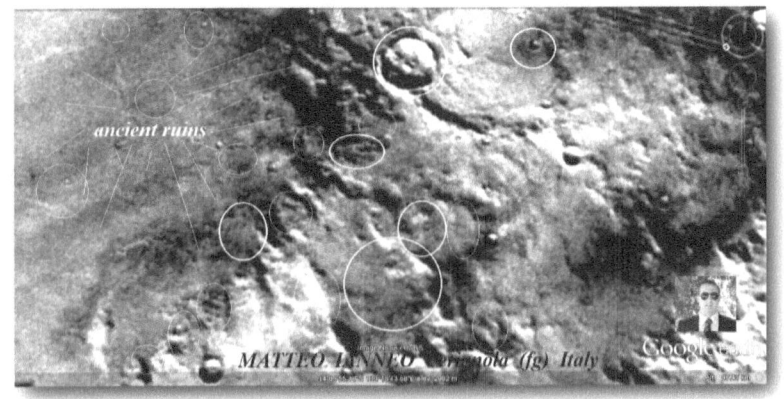

Fonte immagine: NASA / USGS

Qui nel dettaglio.

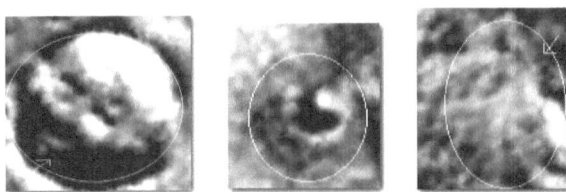

Ho trovato questo volto, diciamo extraterrestre?

Fonte immagine: ESA/DLR/FU Berlin (G.Neukum)

Anche qui compare un viso. Non penso che tutto questo si possa liquidare come effetto ottico. Nel fotogramma successivo si notano il viso, due occhi, bocca e naso.

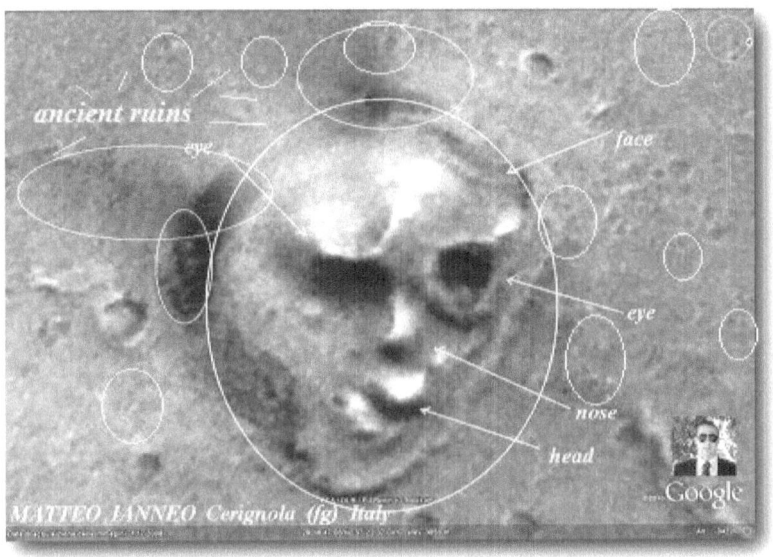

Fonte immagine: ESA/DLR/FU Berlin (G.Neukum)

Forse qui ho voluto esagerare, ma se guardate alla sinistra del volto vi è una specie di scultura eretta. Sul suo capo, in alto al centro, si notano un piccolo volto e parti di mura, ormai quasi abbattute, visibili anche sulla sinistra. La mia fantasia mi spinge a pensare che quegli occhi siano ingressi e uscite per i velivoli che avevano la loro base nascosta nel sottosuolo.

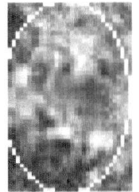

Nella foto seguente notiamo il profilo di un essere anch'esso con qualcosa sul suo capo.

la posizione su
Google Earth è la seguente:

Latitude 35°22'30.06"N   Longitude 131°42'15.09"E

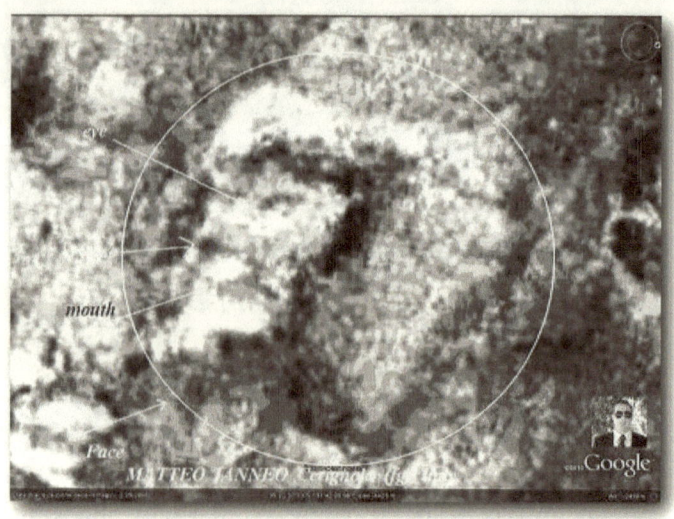

Fonte immagine: NASA / USGS

So che adesso chiederete: «Ancora un altro volto?». Certo!

Questi volti nascondono in essi città in rovina, distrutte da qualcosa che non sapremo mai. Osservate attentamente e scorgerete dei piccoli ma significativi particolari. Spero che possiate vederne almeno uno.

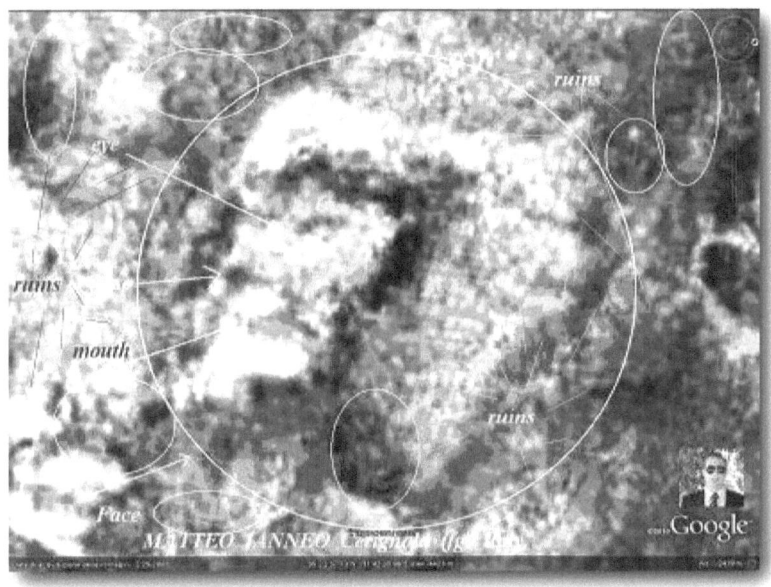

Fonte immagine: NASA / USGS

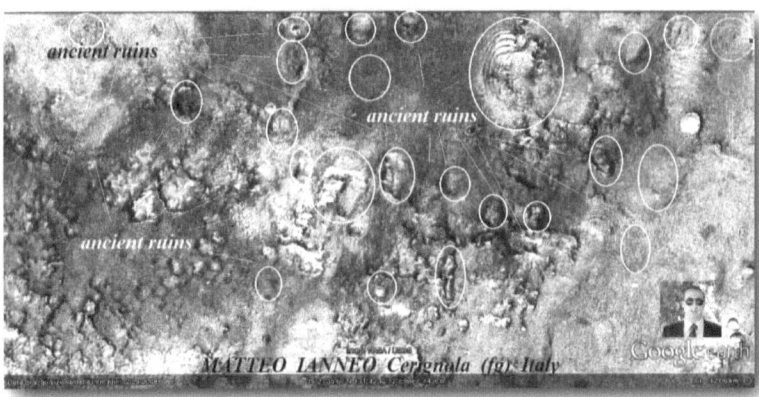

Fonte immagine: NASA / USGS

Se vi concentrate, noterete diversi particolari di strutture antiche abbandonate da tempo. Queste sono le rovine di una civiltà molto antica. Se togliessimo il nostro mare, troveremmo più storia che sulla terra.

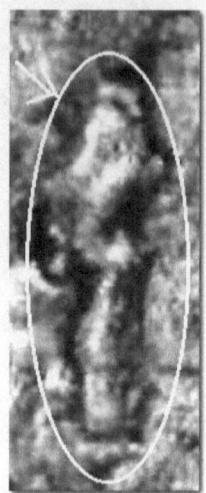

Una statuetta.

Un gallo.

Un volto.

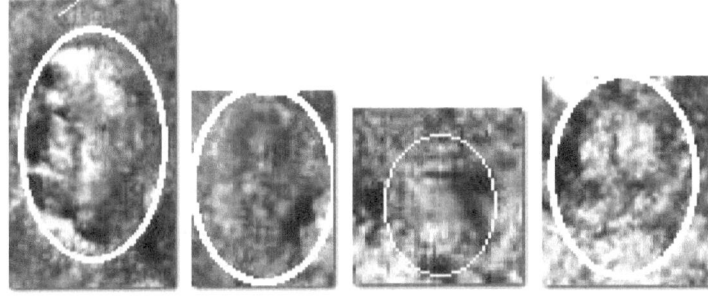

Lasciamo questo particolare e spostiamoci su di un altro che raffigura qualcosa di molto antico.

la posizione su

Google Earth è la seguente:

Latitude 40° 9'27.96"N Longitude 39°27'30.08"E

Fonte immagine: ESA/DLR/FU Berlin (G.Neukum)

Una roccia scolpita raffigurante un essere di cui sono ben visibili le sue caratteristiche: occhio, naso lungo e bocca.

Fonte immagine: ESA/DLR/FU Berlin (G.Neukum)

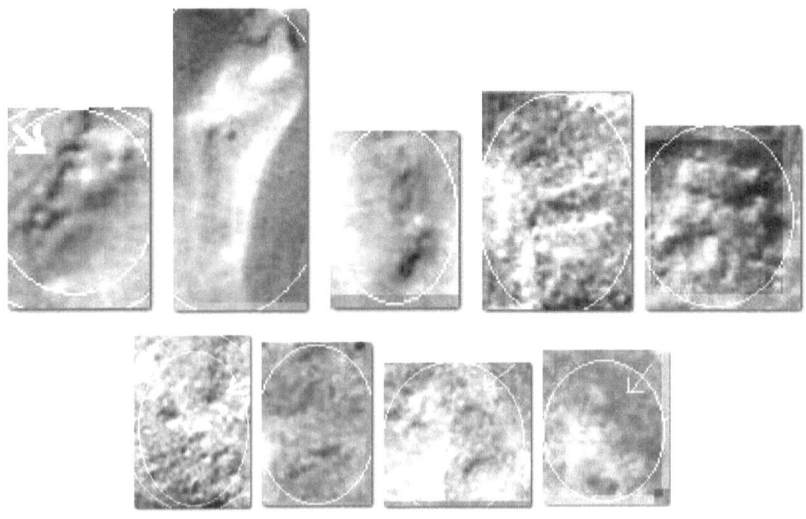

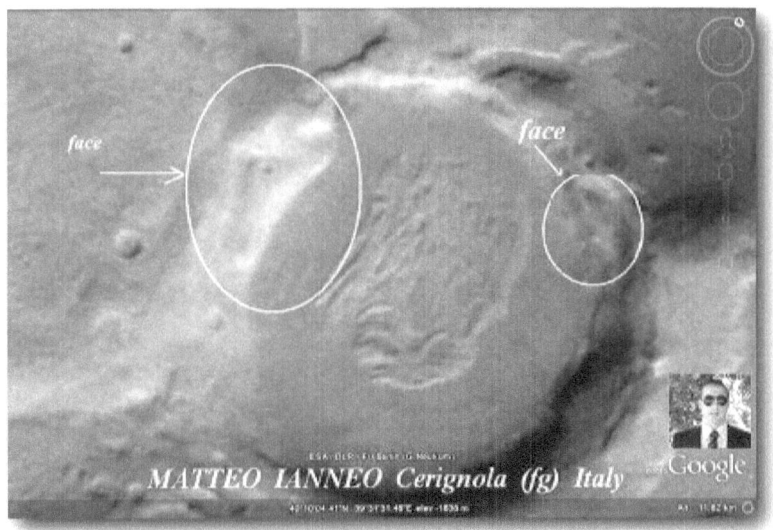

Fonte immagine: ESA/DLR/FU Berlin (G.Neukum)

Qui l'originale.

Sulla destra del soggetto principale si vede un altro volto.

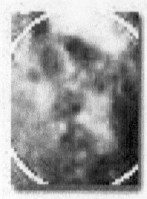

Adesso ecco un elemento canino: la testa di un cane.

la posizione su
Google Earth è la seguente:
Latitude 23°28'23.93"N   Longitude 133°24'4.62"W

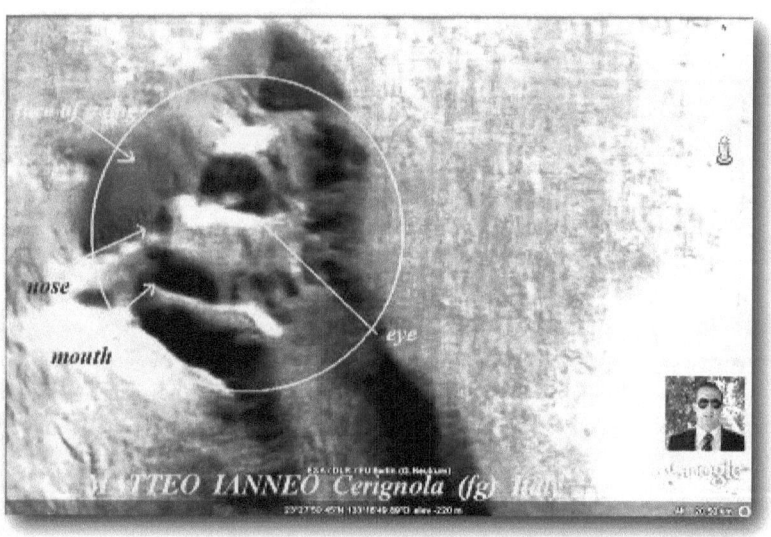

Fonte immagine: ESA/DLR/FU Berlin (G.Neukum)

Questa immagine, a sua volta, è l'accesso a una zona sotterranea, l'ingresso alla città che potrebbe essere collocata nella bocca del soggetto. Questa è una caratteristica comune a tutti i popoli vissuti su Marte: la costruzione di città sotterranee alle quali si accede attraverso la bocca del proprio dio. In questo caso la bocca del cane.

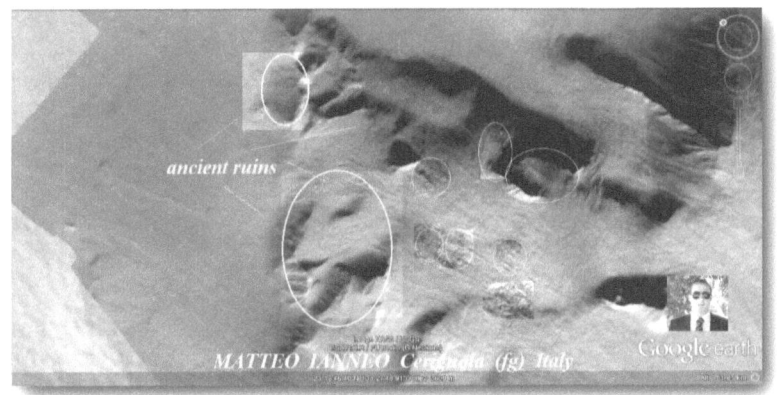

Fonte immagine: ESA/DLR/FU Berlin (G.Neukum)

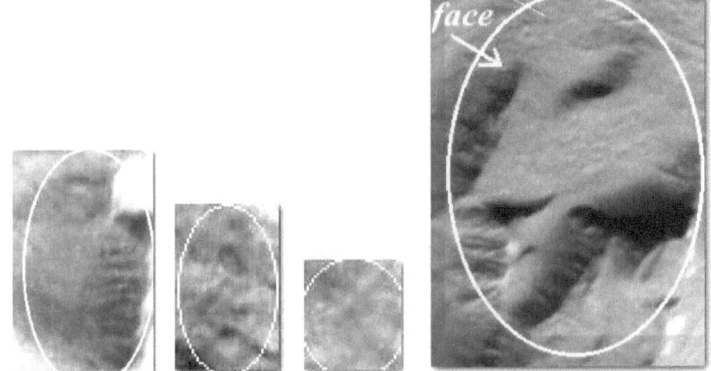

127

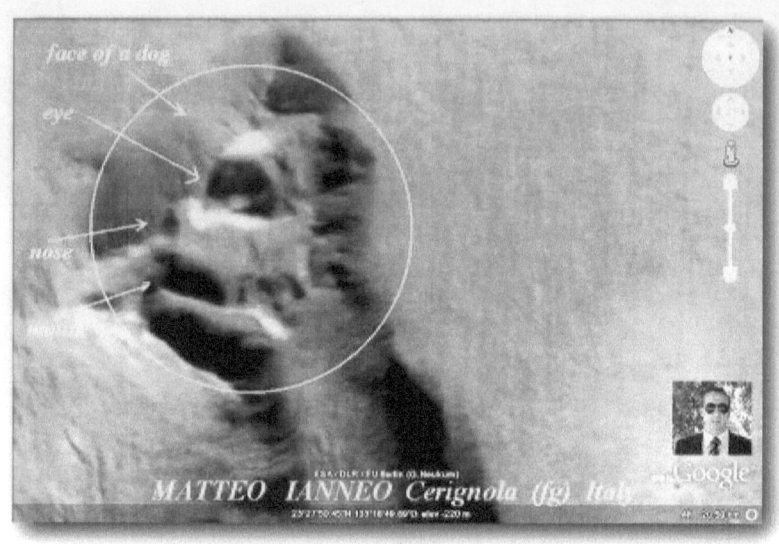

Fonte immagine: ESA/DLR/FU Berlin (G.Neukum)

L'originale.

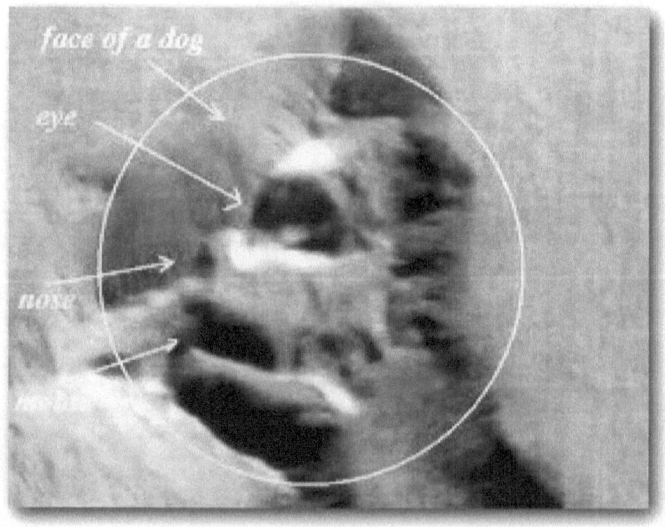

Ho avuto difficoltà ad attribuire una somiglianza o un'associazione d'idee a questa immagine ma, dopo un attento esame, mi sono accorto che si tratta di un volto femminile.

la posizione su
Google Earth è la seguente:
Latitude 18°11'11.39"N   Longitude 43°59'59.76"W

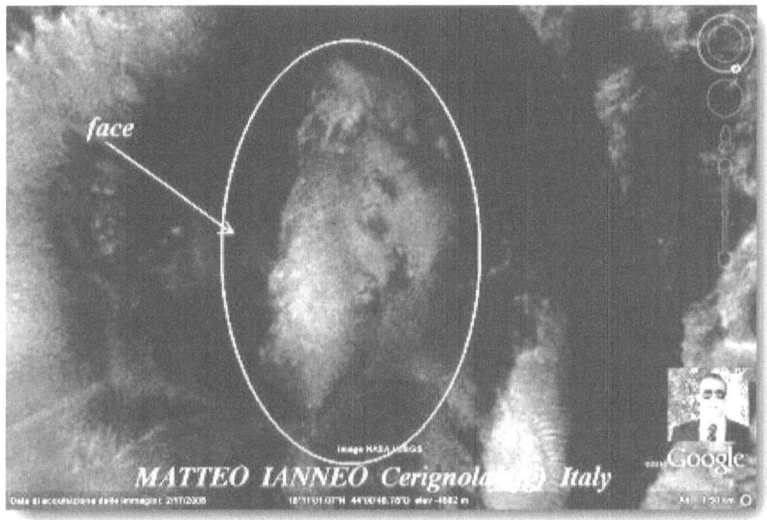

Fonte immagine: NASA / USGS

Una dea che aspetta da tempo il suo dio. Addolorata per la perdita della sua famiglia, è rimasta lì ad aspettare qualcuno che la portasse via. Osservate lo sguardo: si nota persino la pupilla.

Nel prossimo fotogramma vi sono maggiori dettagli.

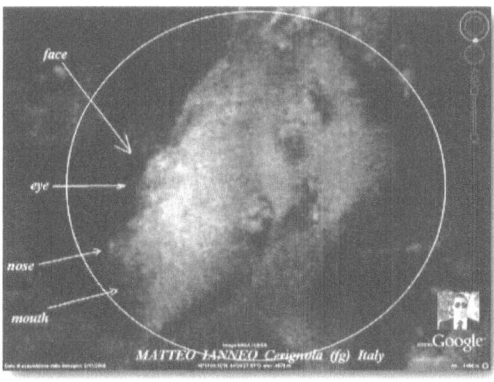

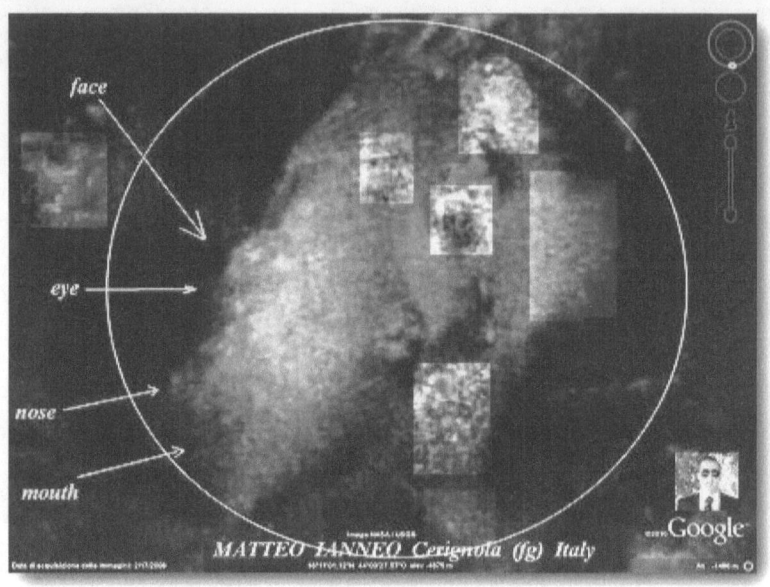

Fonte immagine: NASA / USGS

Ecco il profilo.

Si vedono l'occhio con la pupilla, il naso con la narice, la bocca e il mento. Un volto celato in un posto dove nessuno sarebbe mai riuscito ad arrivare.

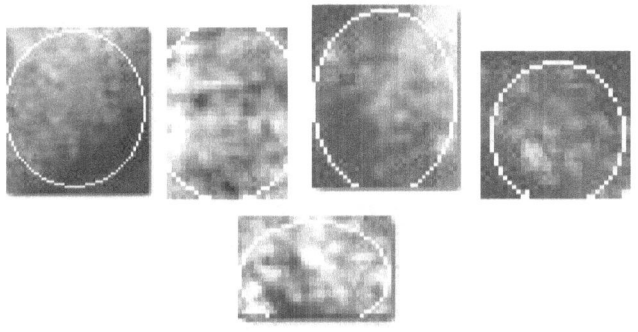

Finalmente qualcosa di diverso: un drago.

la posizione su
Google Earth è la seguente:
Latitude 18°19'10.32"N   Longitude 44° 1'51.52"W

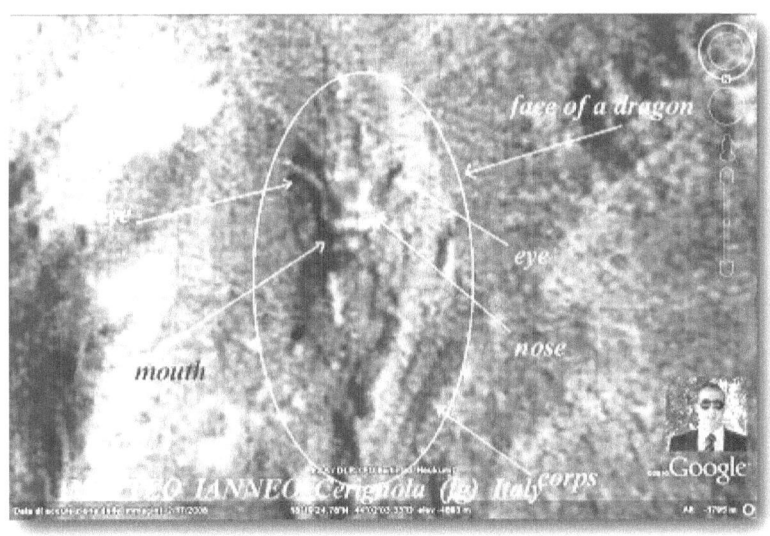

Fonte immagine: ESA/DLR/FU Berlin (G.Neukum)

Non credevo ai miei occhi. Gli occhi a taglio, la bocca tipica dei rettili e il corpo da serpente. Un bel drago cinese.

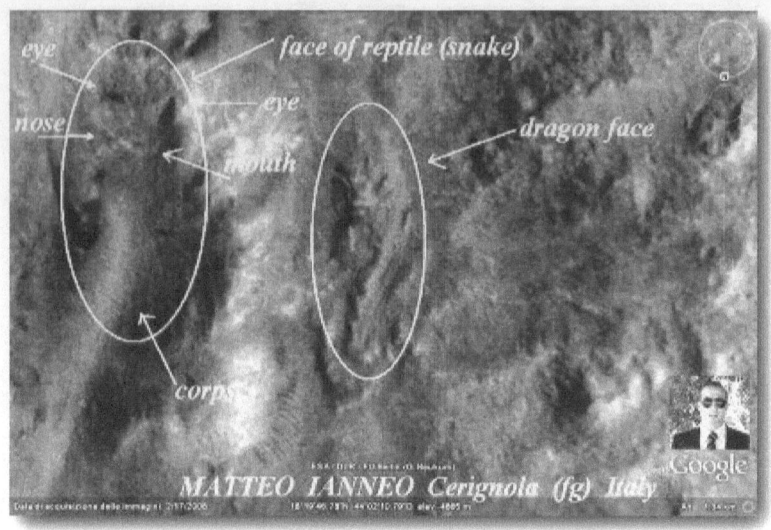

Fonte immagine: ESA/DLR/FU Berlin (G.Neukum)

Eccolo qui, accompagnato da un altro rettile – sembra un serpente – sulla sinistra dell'immagine. Non sono uno storico, ma guardando questa immagine ritengo che ci sia qualche legame terrestre.

Fonte immagine: ESA/DLR/FU Berlin (G.Neukum)

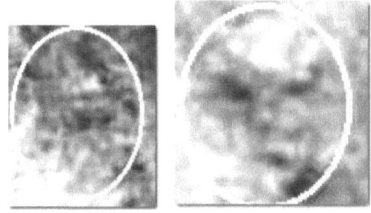

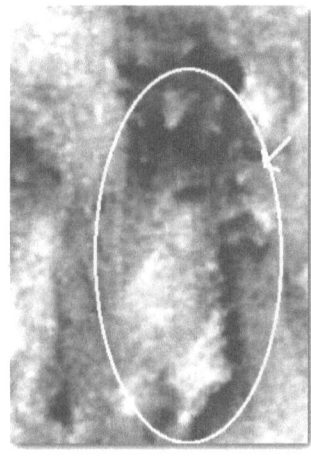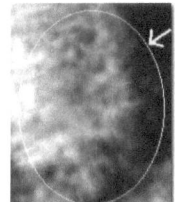

Ancora altro…

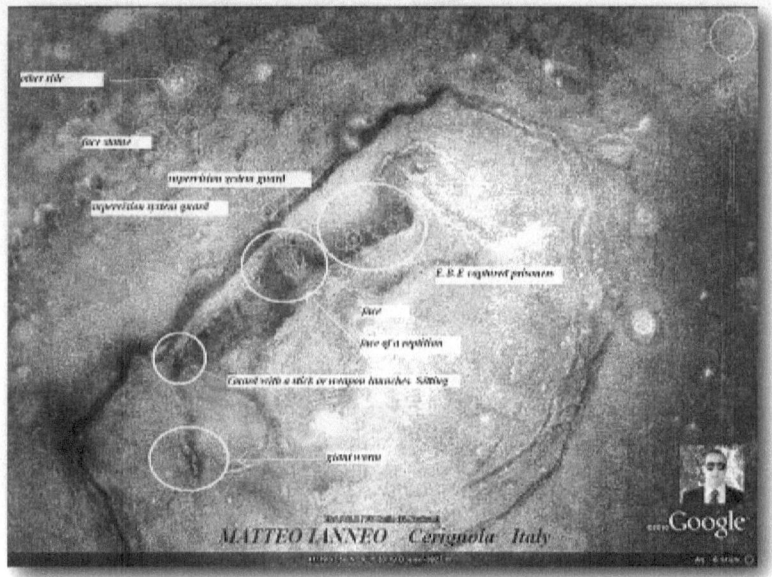

Fonte immagine: ESA/DLR/FU Berlin (G.Neukum)

Al centro è possibile notare una forma simile a un rettile. Per la precisione la testa di un rettile. Se osservate sulla sinistra in basso, si vede una sorta di verme gigante, simile a uno scarafaggio. Sopra di esso, qualcuno siede su di una specie di sedia – forse mobile – tenendo tra le mani una lancia. Potrebbe trattarsi di un artefatto che emana scariche elettriche, usato per tenere sotto controllo gli extraterrestri catturati.

Ma questa è solo la mia ipotesi.

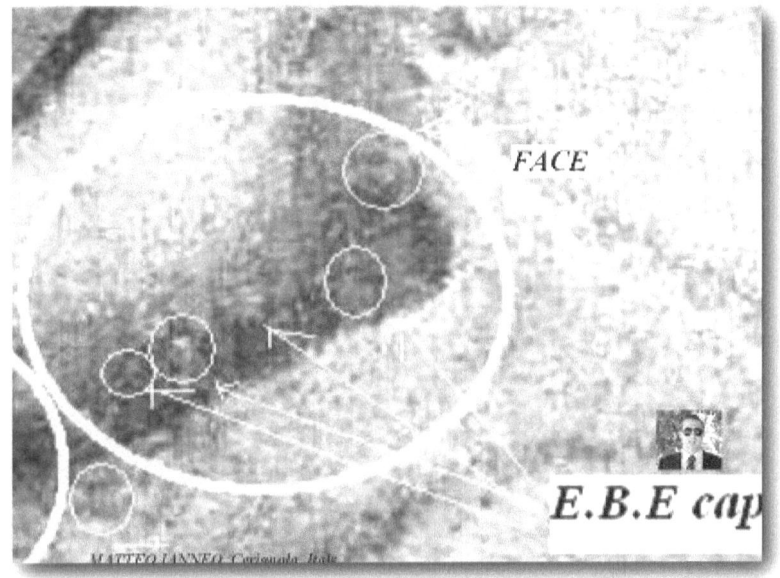

Fonte immagine: ESA/DLR/FU Berlin (G.Neukum)

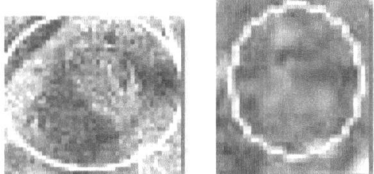

Qui ho ingrandito una parte dell'immagine per mettere in evidenza le creature catturate nel fossato e mantenute a bada da qualcuno. In alto, se guardate attentamente, vi è un e.b.e, si vedono i suoi due occhi scuri.

Proseguiamo con la nostra esplorazione.

Un altro profilo fa la sua comparsa mostrando il volto e un cappello sulla testa.

la posizione su

Google Earth è la seguente:

Latitude 22°38'11.69"N   Longitude 132°56'18.16"W

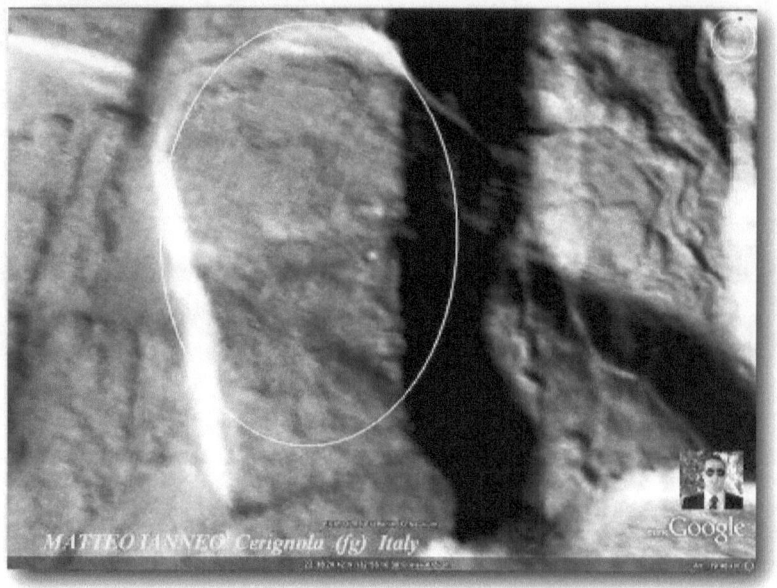

Fonte immagine: ESA/DLR/FU Berlin (G.Neukum)

Ritratto di profilo, è possibile individuare un essere munito di naso, bocca e cappello, direi un colbacco. Un altro elemento che riempiva pian piano la mia collezione di volti e di profili.

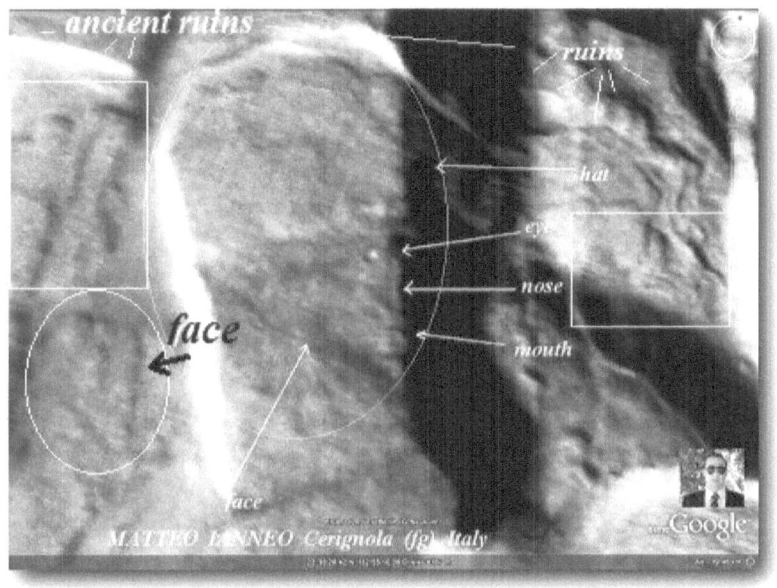

Fonte immagine: ESA/DLR/FU Berlin (G.Neukum)

Qui nel dettaglio osserviamo i particolari.

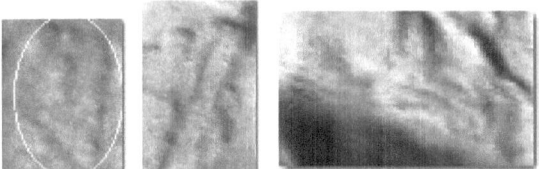

Finalmente ho trovato un bell'esemplare di leone scolpito nella roccia.

la posizione su

Google Earth è la seguente:

Latitude 41°11'30.11"N   Longitude 14°15'27.11"E

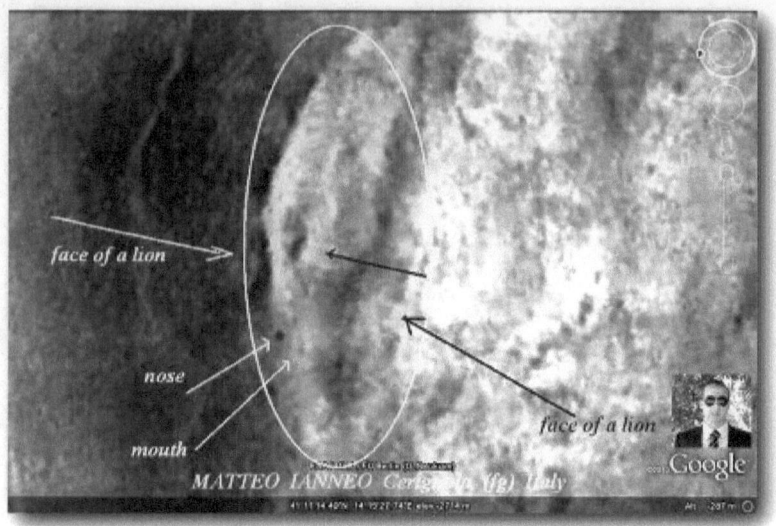

Fonte immagine: ESA/DLR/FU Berlin (G.Neukum)

Eccolo scavato nella montagna. Notiamo la testa, un occhio chiuso, naso pronunciato e bocca. Nelle sue vicinanze si vedono anche i resti di alcune rovine.

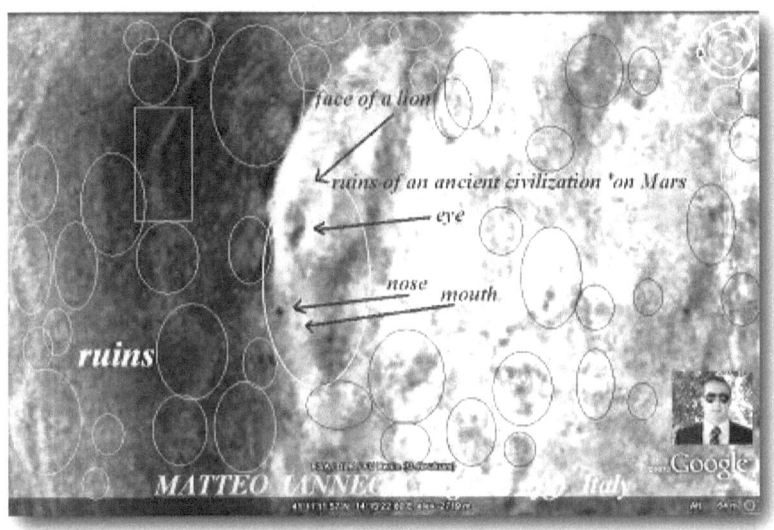

Fonte immagine: ESA/DLR/FU Berlin (G.Neukum)

Eccolo nei suoi dettagli.

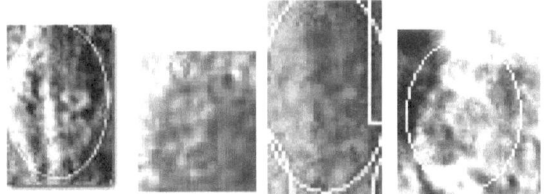

Se fate caso, vi sono diversi dettagli di monumenti appartenenti a questa civiltà. Di solito, infatti, nelle prossimità dei volti si trovano spesso i resti di civiltà antiche.

Infatti, troviamo anche delle specie di raffigurazioni che ricordano i totem presenti sulla Terra.

la posizione su
Google Earth è la seguente:
Latitude 41° 9'4.60"N   Longitude 14°17'31.90"E

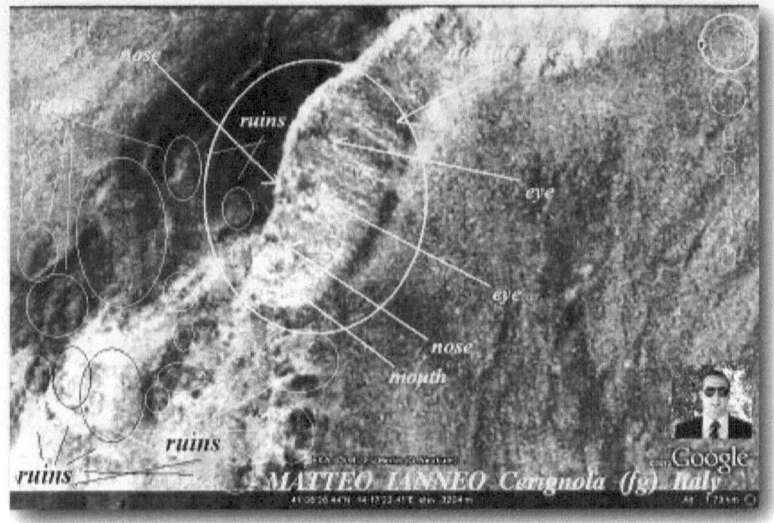

Fonte immagine: ESA/DLR/FU Berlin (G.Neukum)

Ecco un volto nella roccia circondato dalle rovine.

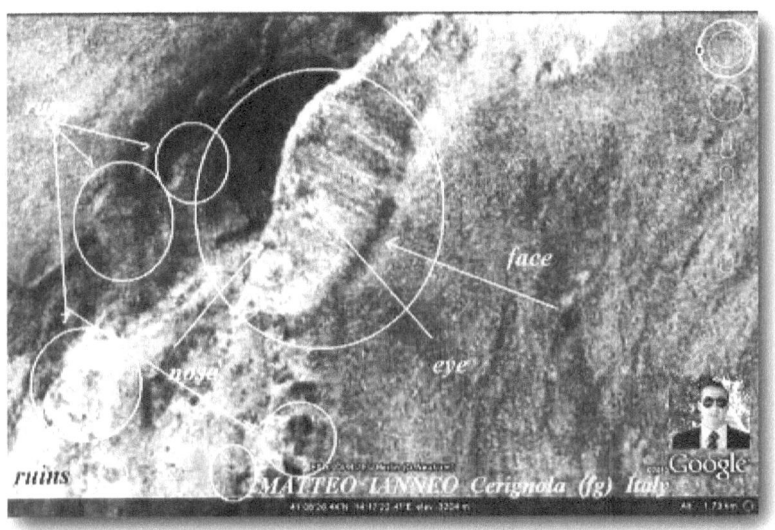

Fonte immagine: ESA/DLR/FU Berlin (G.Neukum)

Qui si notano altri dettagli delle rovine ubicate nella zona del soggetto principale.

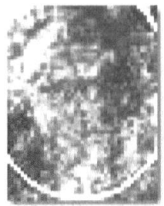

Questo elemento è, a dir poco, sconvolgente. Ecco il volto di un essere molto vecchio.

Un profeta.

la posizione su
Google Earth è la seguente:
Latitude 42°00'31.63"N   Longitude 44°42'45.11"E

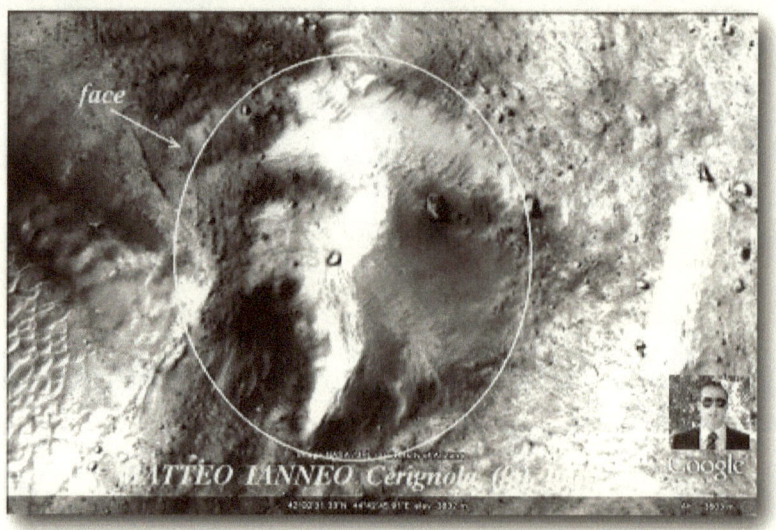

Fonte immagine: NASA / JPL / University of Arizona

Questo volto è spettacolare. Doveva trattarsi del volto di un essere prestigioso del pianeta. Qualcuno che ha voluto lasciare il proprio segno, dedicandoci questa meravigliosa scultura. Una creatura degna di ammirazione. Si notano l'occhio, il naso da stregone, la bocca e il mento allungato. Un elemento caratteristico.

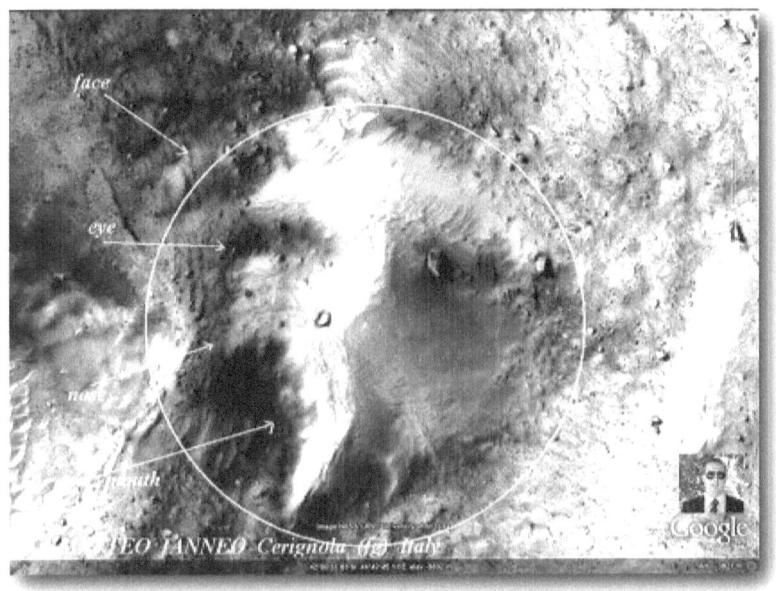

Fonte immagine: NASA / JPL / University of Arizona

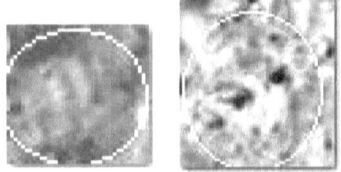

Non sapevo che i fantasmini fossero giunti anche su Marte. Ho trovato il fantasma somigliante a quello più noto dei cartoni animati per bambini.

la posizione su
Google Earth è la seguente:

Latitude 41°59'39.52"N   Longitude 44°42'30.00"E

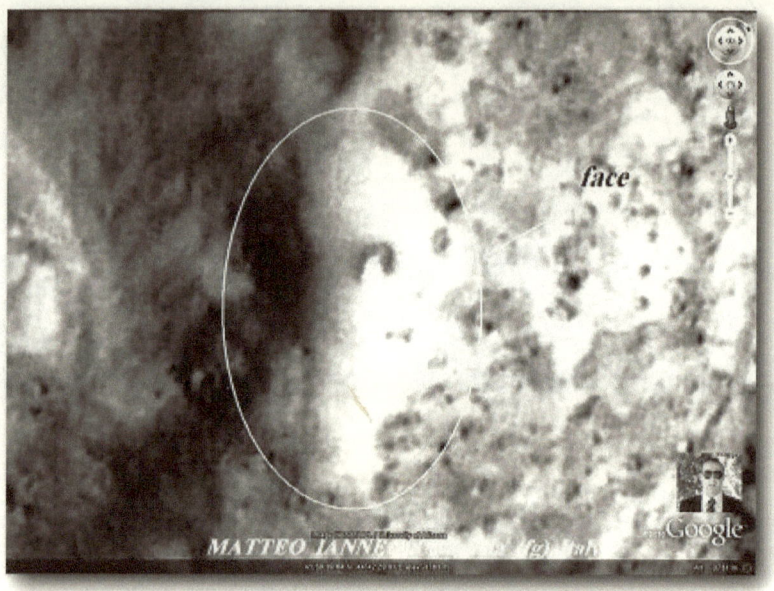

Fonte immagine: NASA / JPL / University of Arizona

Eccolo qua, in posa per noi. Sorridente e felice di essere osservato. Si notano la bocca, gli occhi, il naso e il suo sorriso.

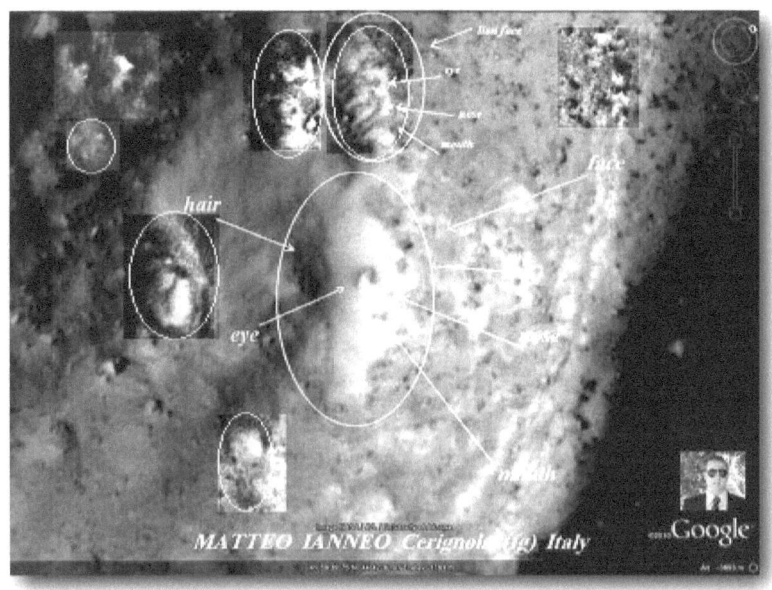

Fonte immagine: NASA / JPL / University of Arizona

Sopra di esso, si nota il profilo del viso consumato dal tempo di un essere. Quindi, come vedete, i volti non sono mai soli, sono sempre accompagnati da qualcosa che li rende più veritieri. Ma... qualcuno sulla montagna grida: «Ci sono anch'io! Sono qui. Non mi vedete?».

Ah, eccolo! Un alpino ci sta chiamando.

la posizione su

Google Earth è la seguente:

Latitude 34°48'32.09"N   Longitude 65°37'34.63"E

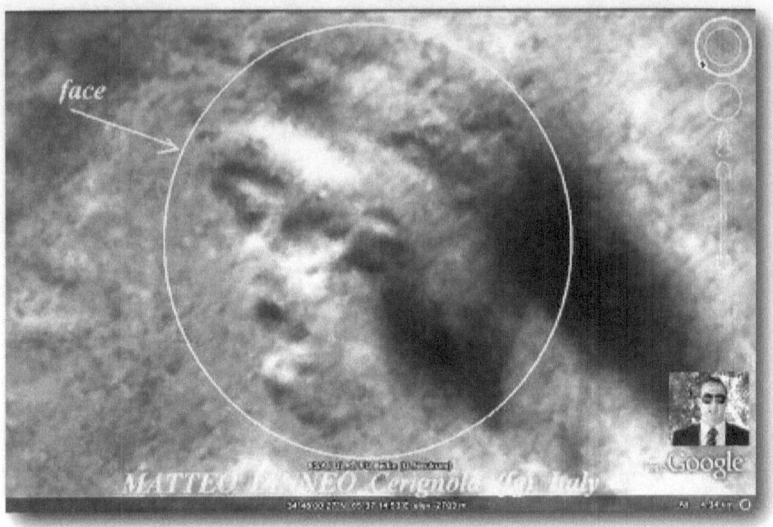

Fonte immagine: ESA/DLR/FU Berlin (G.Neukum)

L'alpino urla per farsi scorgere e ha un cappello in testa, tipico di zone in cui la temperatura è molto bassa. Dalla sua bocca si evince un ingresso per l'accesso al sottosuolo.

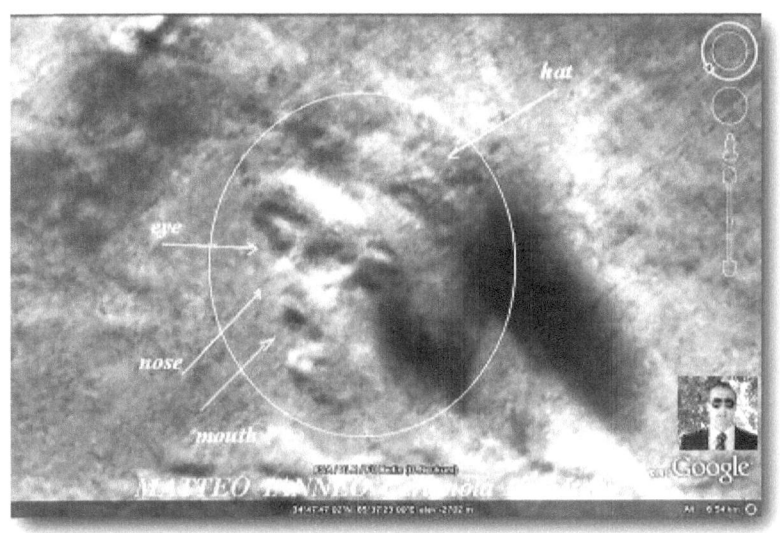

Fonte immagine: ESA/DLR/FU Berlin (G.Neukum)

Fonte immagine: ESA/DLR/FU Berlin (G.Neukum)

Altri particolari.

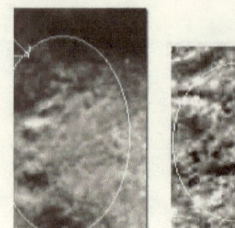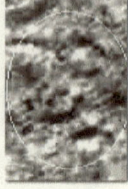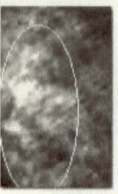

Ma lui non deve gridare tanto, perché potrebbe far svegliare la signora che dorme.

la posizione su

Google Earth è la seguente:

Latitude 18°13'43.03"N   Longitude 44° 9'39.46"W

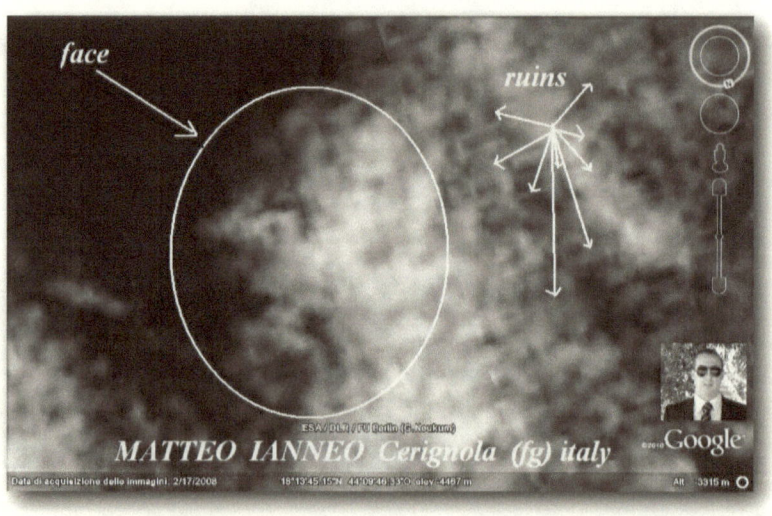

Fonte immagine: ESA/DLR/FU Berlin (G.Neukum)

Ecco una bella dea addormentata. Aspetta il suo principe che la svegli. Si notano occhio, naso, bocca e, nelle vicinanze, ancora rovine.

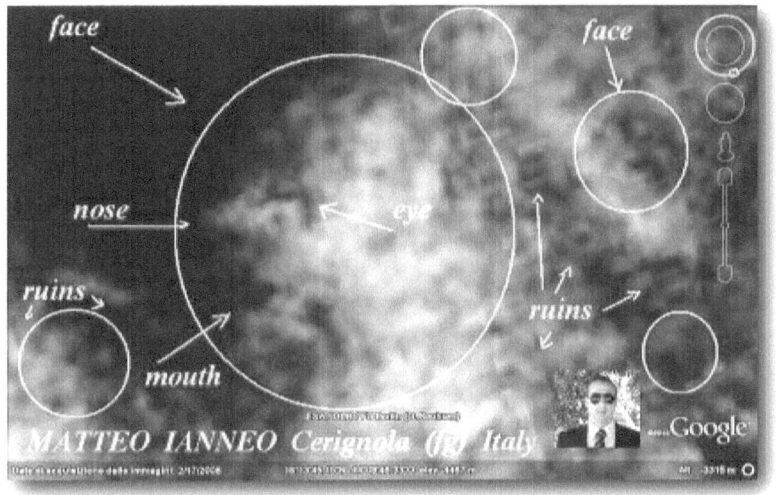

Fonte immagine: ESA/DLR/FU Berlin (G.Neukum)

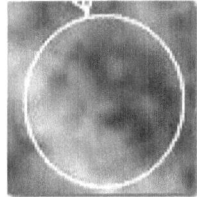

Se osservate alla sinistra in alto, vi sono un altro un felino e altri particolari. Ci vorrebbe un condottiero per essere sereni. Ci vuole qualcuno che prenda le nostre difese.

Un condottiero.

la posizione su

Google Earth è la seguente:

Latitude 18°12'37.42"N   Longitude 44°11'17.41"W

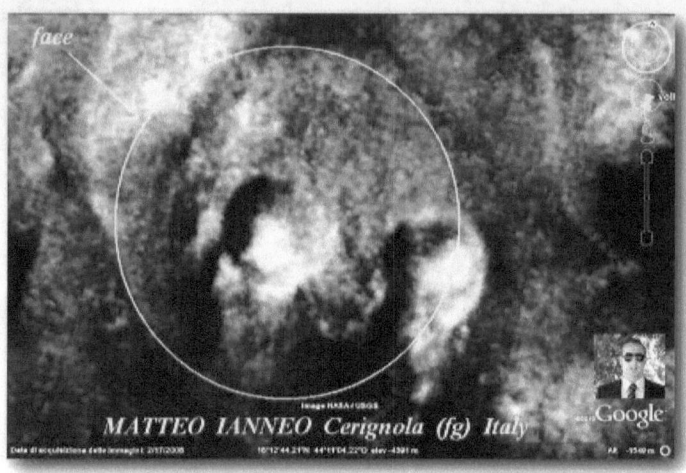

Fonte immagine: NASA / USGS

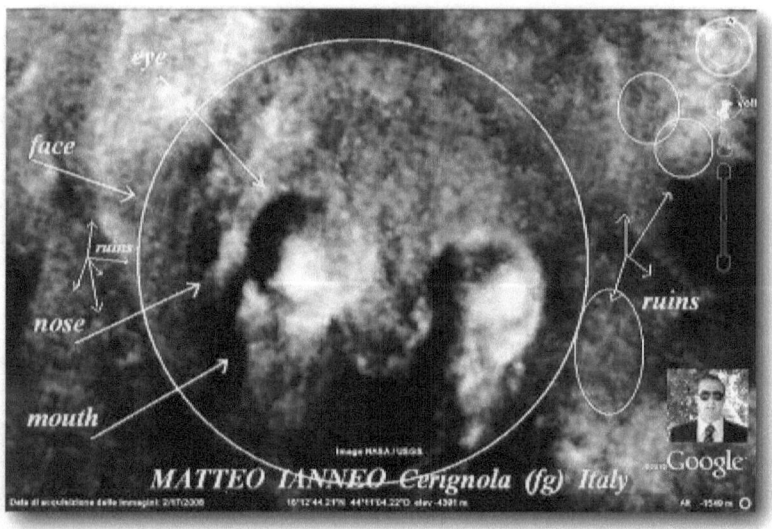

Fonte immagine: NASA / USGS

Eccolo nei particolari, accompagnato dalle rovine.

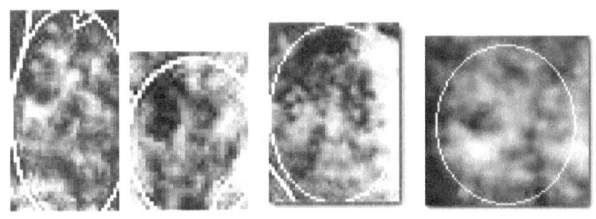

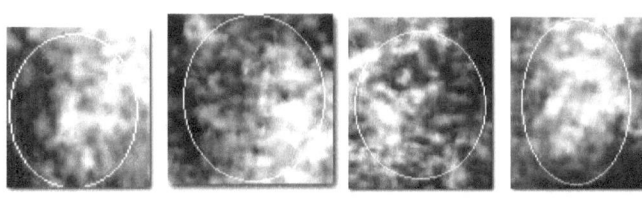

Il prossimo fotogramma l'ho intitolato *Gli innamorati*.

la posizione su

Google Earth è la seguente:

Latitude 18°12'59.33"N   Longitude 44°04'09.89"W

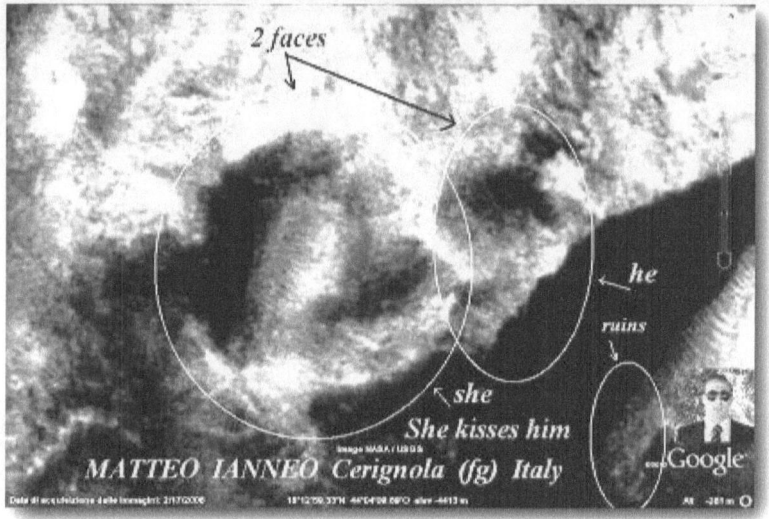

Fonte immagine: NASA / USGS

Lei bacia lui. Forse nella storia di Marte esistevano due dei inseparabili. Quindi, in questa foto, notiamo un profilo femminile che bacia un profilo maschile. Nelle loro vicinanze troviamo le solite rovine di antiche civiltà.

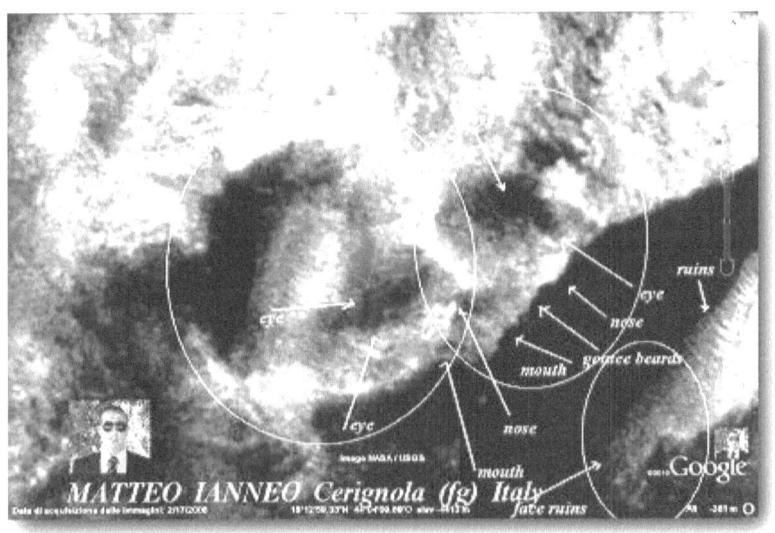

Fonte immagine: NASA / USGS

Fonte immagine: NASA / USGS

Qui i dettagli.

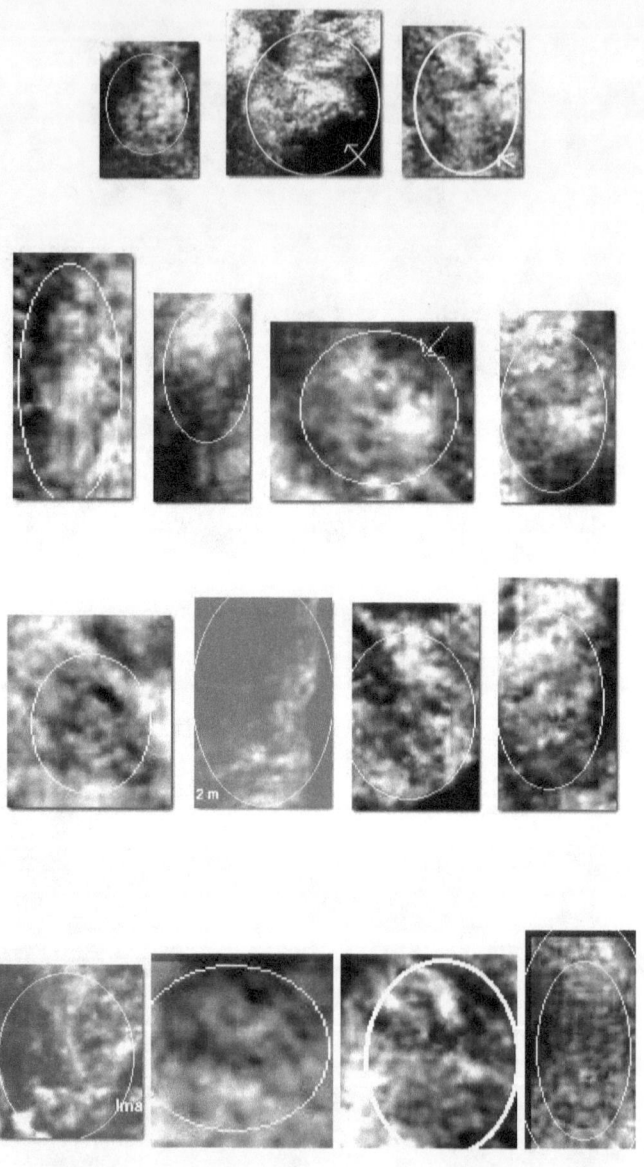

Nella prossima foto si nota ancora un volto buffo.

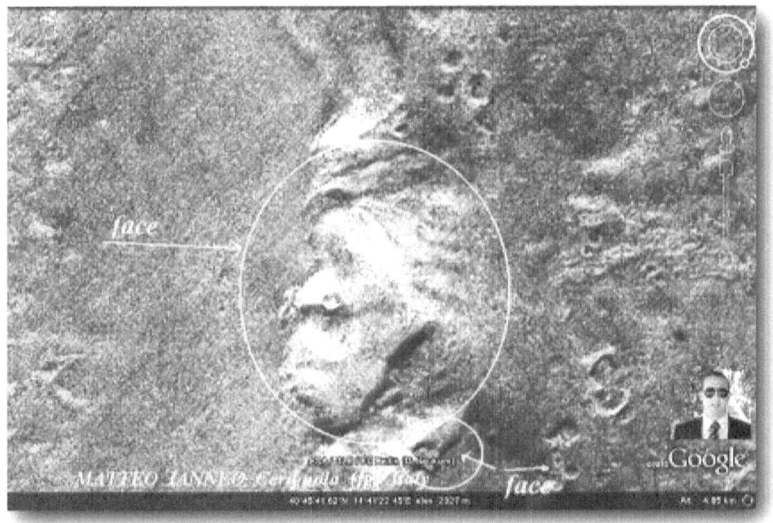

Fonte immagine: ESA/DLR/FU Berlin (G.Neukum)

Un volto con mandibola molto evidente, anch'esso cancellato dal tempo. Si nota il naso e non molto visibili l'occhio e la bocca.

Fonte immagine: ESA/DLR/FU Berlin (G.Neukum)

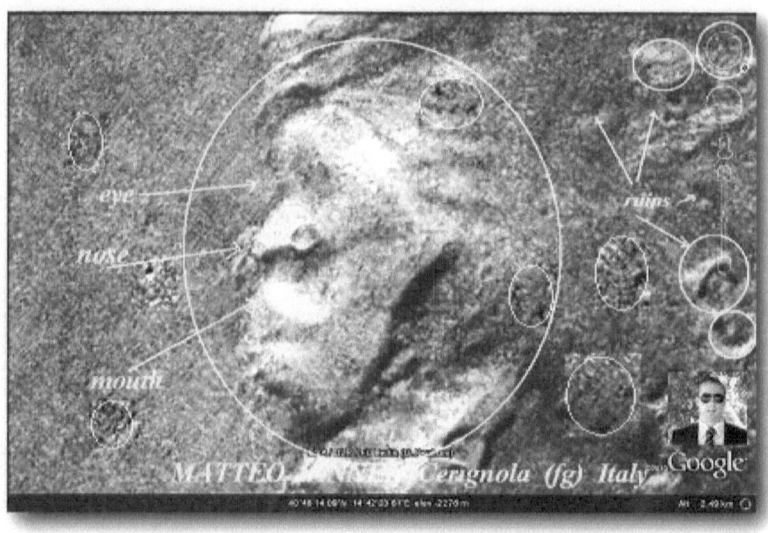

Fonte immagine: ESA/DLR/FU Berlin (G.Neukum)

Dettagli delle rovine.

Se avete un buon occhio, noterete sul lato destro dell'immagine alcuni resti di antiche rovine.

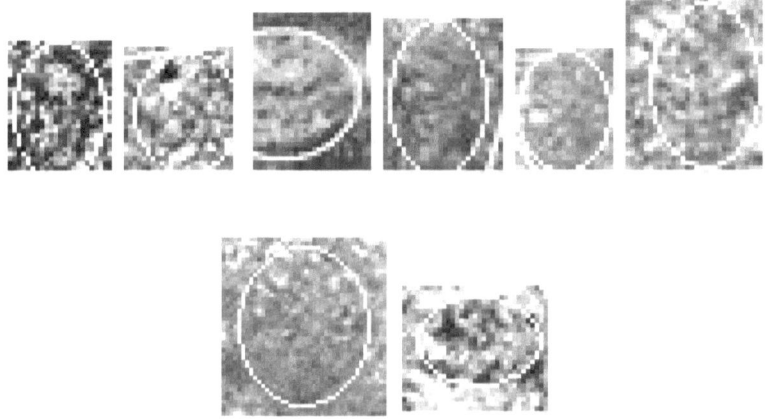

Quando ero piccolo, avevo un cane di nome Pimpi. Un bel giorno fuggì da casa e non riuscii più a trovarlo. Il mio pianto, in quei giorni, fu di disperazione. Dopo tanti anni l'ho ritrovato proprio lì, sul pianeta rosso. Sembra impaurito da qualcosa, forse per aver dimenticato la strada del ritorno.

la posizione su

Google Earth è la seguente:

Latitude 42°20'1.26"N   Longitude 0°22'42.48"W

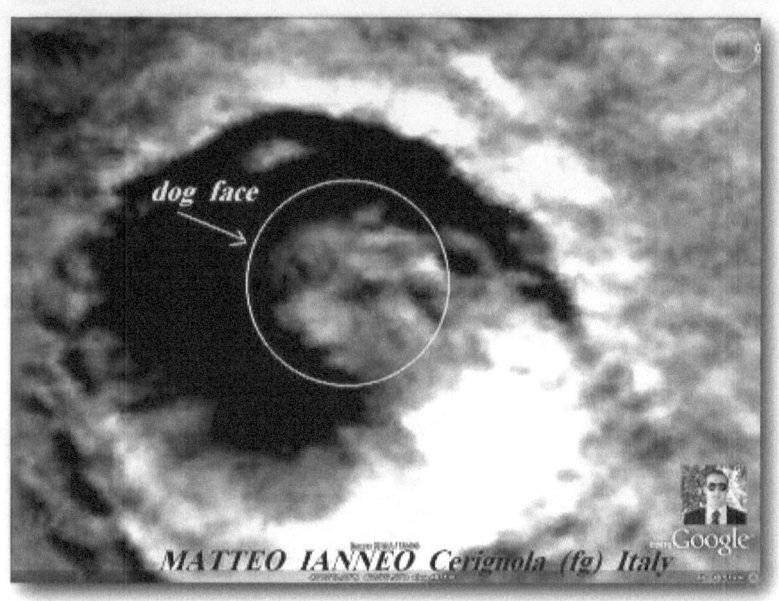

Fonte immagine: NASA / USGS

Pimpi sono qui, ti sto osservando, ma tu non puoi vedermi.

In questo cratere vi è la testa di un cane. Si vedono bene i suoi occhi a mandorla, il suo muso e anche le sue orecchie. Troppo evidente perché sia un altro effetto della natura. Comunque sia, mettiamolo sul campo del fantastico.

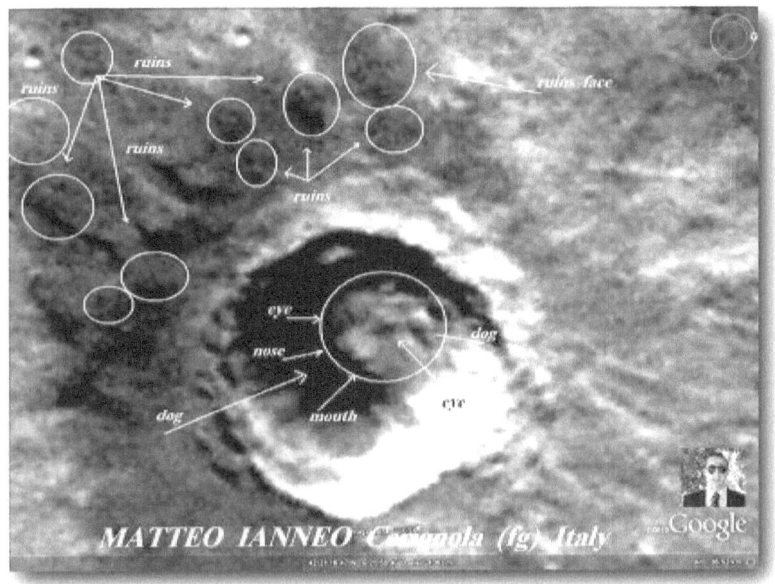

Fonte immagine: NASA / USGS

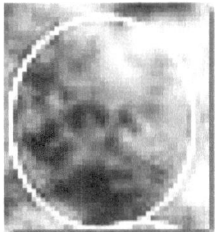

Guardate in alto al centro, s'intravedono resti di rovine, un volto quasi scheletrico con occhi, naso e bocca. Poi alla sinistra della foto altri particolari. Ciao, Pimpi!

Dopo tutte queste anomalie è plausibile trovare qualcosa di particolare: i resti di una sfinge.

la posizione su
Google Earth è la seguente:
Latitude 38°16'48.30"N   Longitude 13° 3'39.79"W

Fonte immagine: ESA/DLR/FU Berlin (G.Neukum)

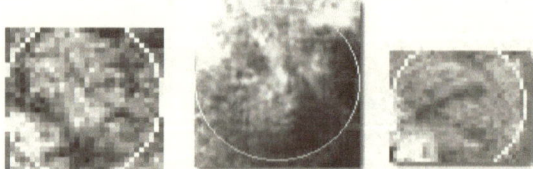

Eccola, una sfinge quasi a metà. L'altra parte è stata cancellata dal tempo, ma io ho voluto presentarla a voi perché ritengo siano molto importanti i successivi dettagli: l'occhio chiuso e il naso da leone. Tutt'intorno vi sono ulteriori particolari.

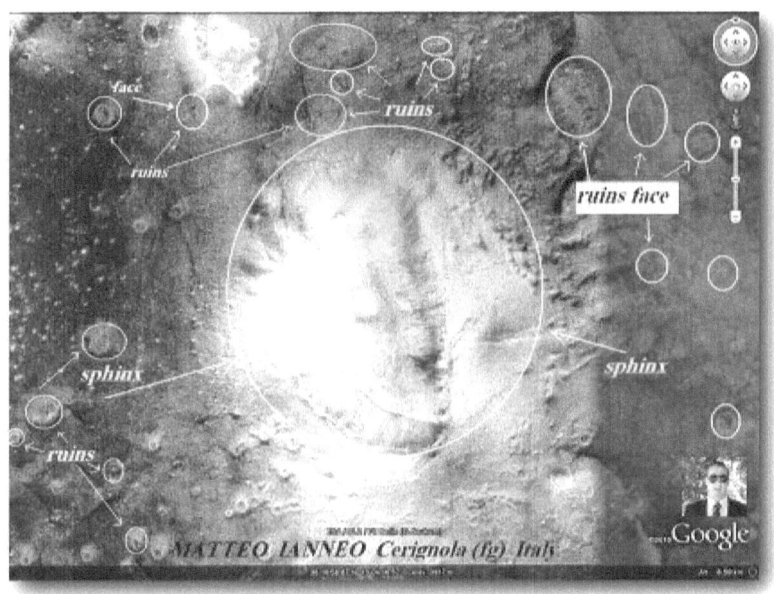

Fonte immagine: ESA/DLR/FU Berlin (G.Neukum)

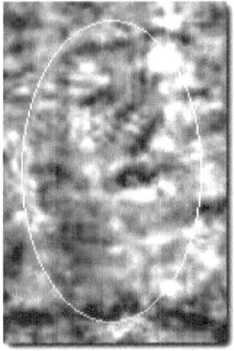

Guardate in alto a destra, si vede un volto monumentale e altri dettagli. Sulla sinistra, altre rovine erose dal tempo.

Ho isolato il profilo monumentale e l'ho messo in risalto zoomandolo. Ecco il profilo.

la posizione su

Google Earth è la seguente:

Latitude 38°20'54.35"N   Longitude 12°59'19.25"W

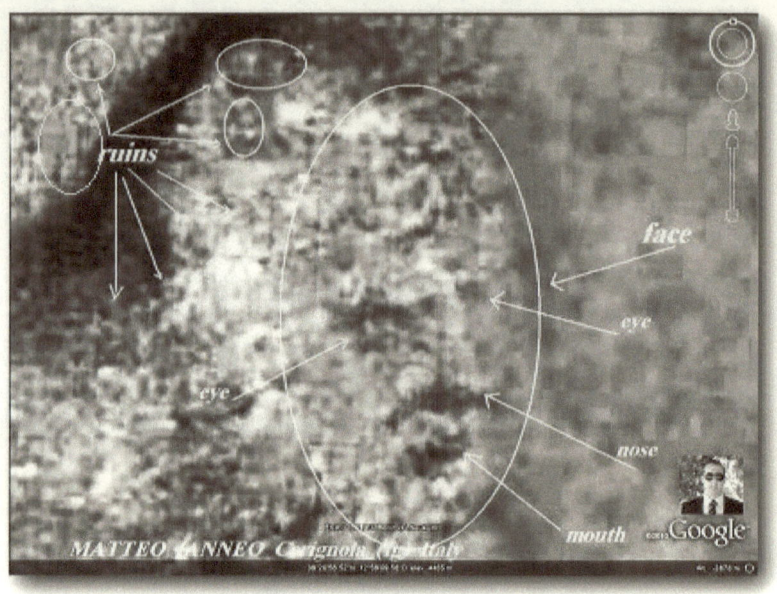

Fonte immagine: ESA/DLR/FU Berlin (G.Neukum)

Si notano la pupilla del suo occhio sinistro, il naso e la bocca. In alto, in piccolo, appaiono le rovine di un'antica civiltà.

Ci vorrebbe un forte ingrandimento per osservare i minimi particolari dell'antica città.

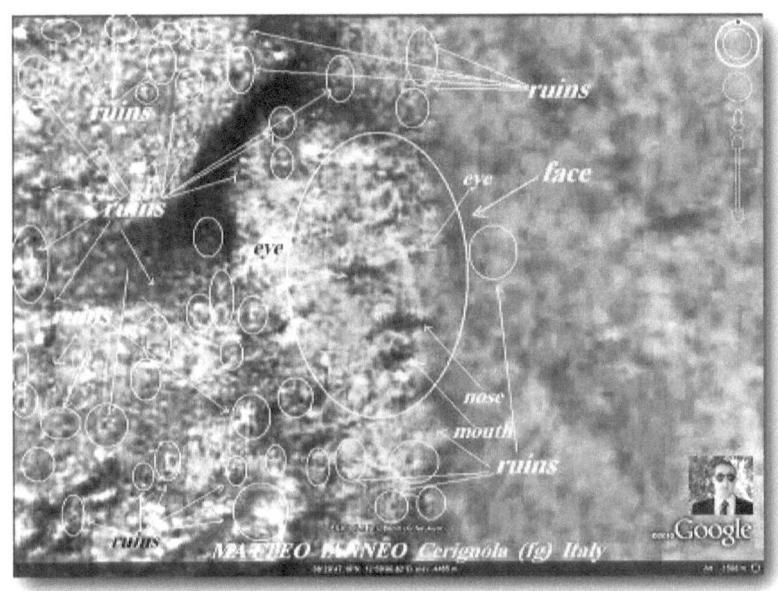

Fonte immagine: ESA/DLR/FU Berlin (G.Neukum)

Fonte immagine: ESA/DLR/FU Berlin (G.Neukum)

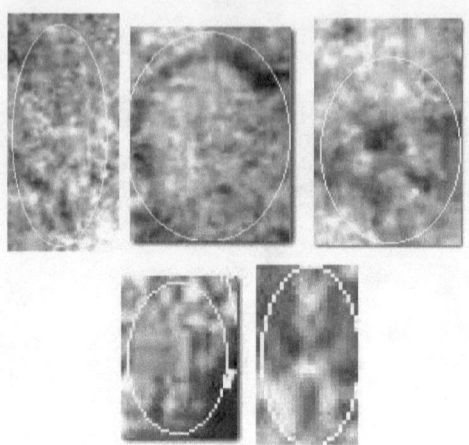

la posizione su
Google Earth è la seguente:
Latitude 38°23'18.18"N Longitude 13° 1'3.59"W

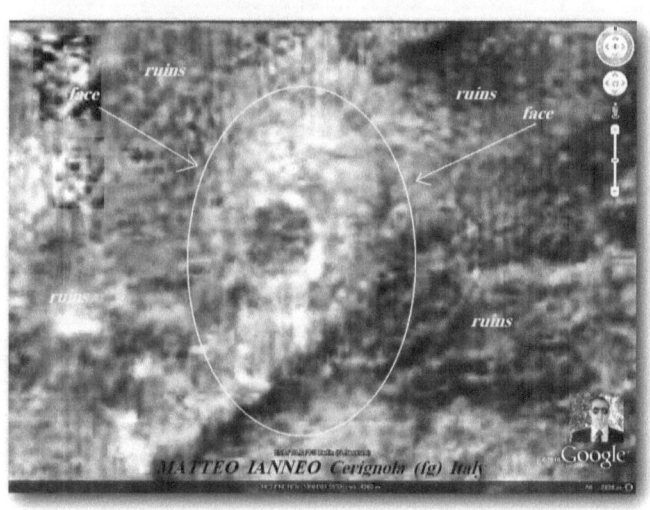

Fonte immagine: ESA/DLR/FU Berlin (G.Neukum)

Un volto particolare.

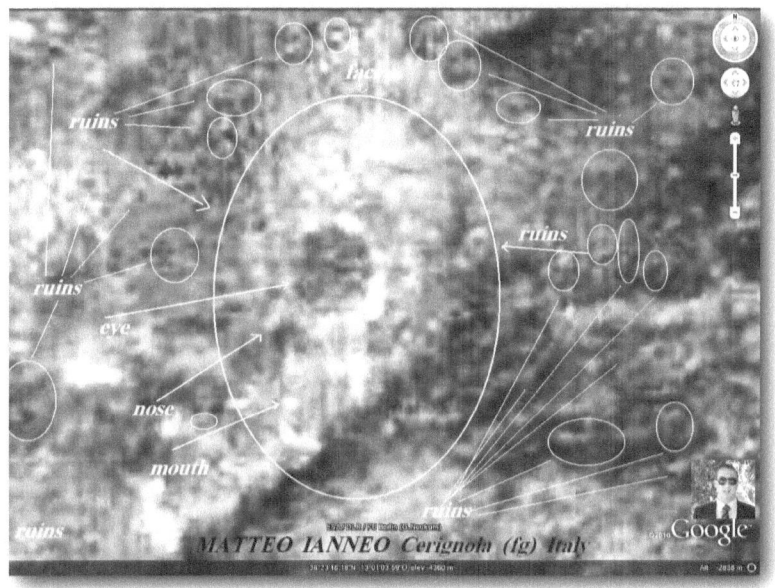

Fonte immagine: ESA/DLR/FU Berlin (G.Neukum)

Notiamo un piccolo orecchio, naso, occhio molto grande
Accompagnato da antiche rovine.

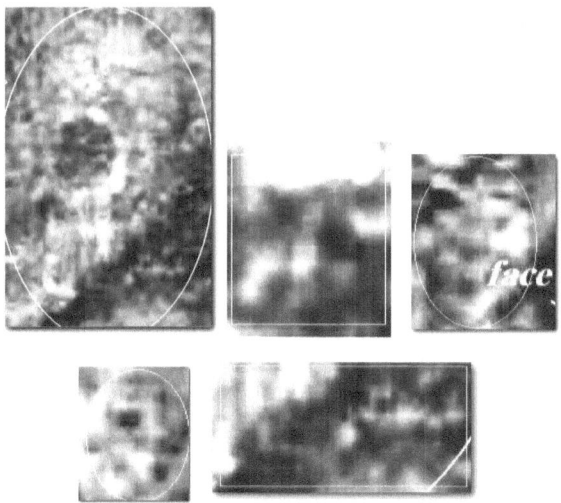

la posizione su

Google Earth è la seguente:

Latitude 38°20'49.26"N Longitude 13° 2'5.56"W

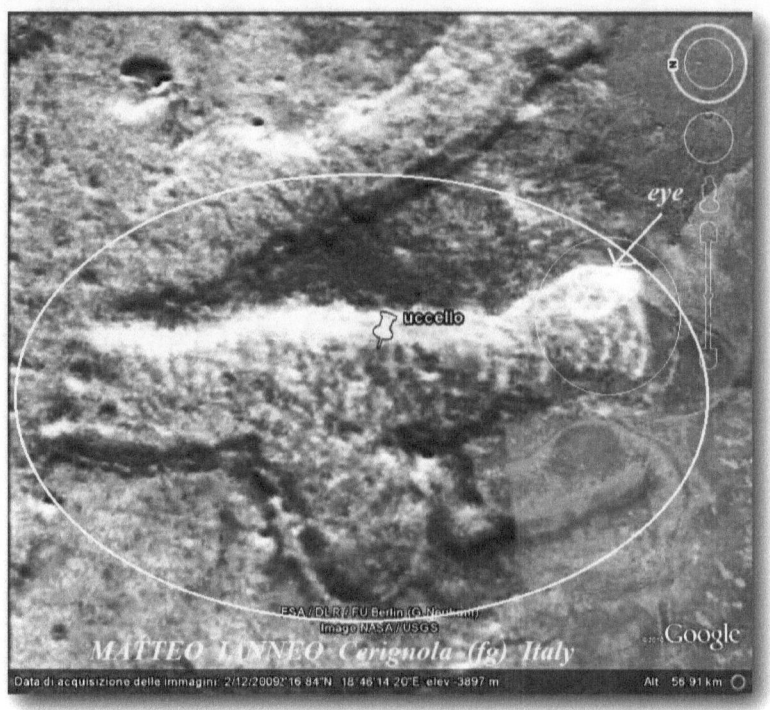

Fonte immagine: ESA/DLR/FU Berlin (G.Neukum)
NASA / USGS

In questa immagine notiamo un volatile,una somiglianza
di un uccello rapace.

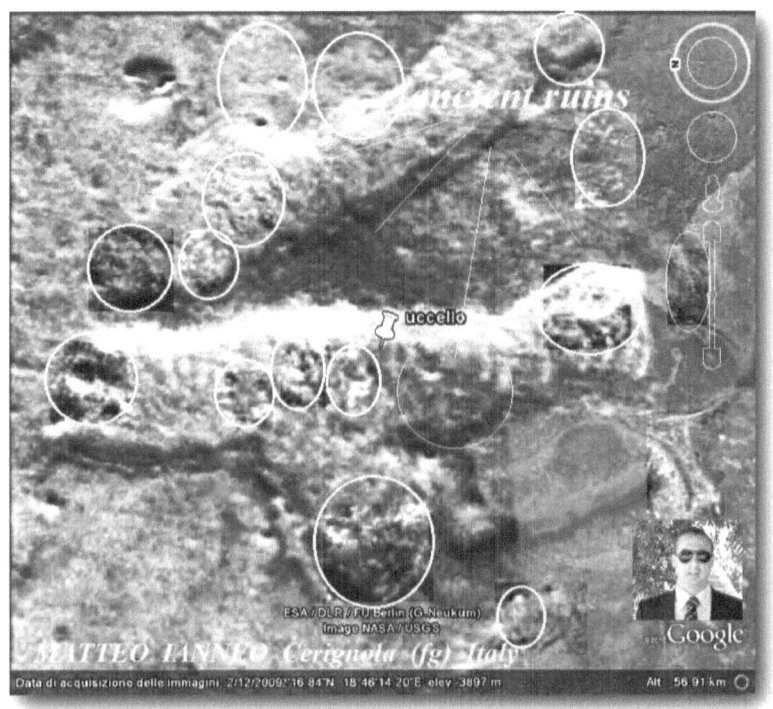

Fonte immagine: ESA/DLR/FU Berlin (G.Neukum)
NASA / USGS

Qui evidenziati i particolari.

 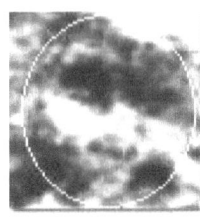 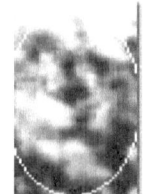 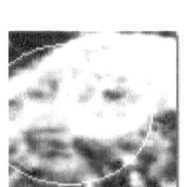

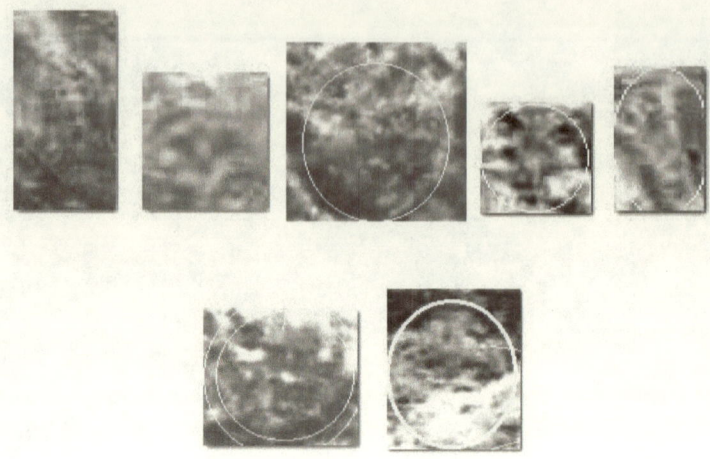

Ricordatevi che ogni volto da me esaminato non è il risultato dell'erosione causata da fattori naturali, ma di meraviglie nascoste create da popoli che hanno dominato questo straordinario pianeta. Se fossimo lì, in questo posto che stiamo osservando, ci troveremmo in una grande distesa di chilometri dove, camminando, noteremmo di essere circondati da statue, statuette, monumenti e così via. Insomma, una vera città grandiosa. Siamo giunti alla conclusione del mio primo libro sullo studio di anomalie del pianeta Marte. Prima di lasciarvi, vorrei farvi notare quest'ultima anomalia scovata che mi ha reso incredibilmente felice: il volto della Sacra Sindone.

la posizione su

Google Earth è la seguente:

Latitude 38°20'49.26"N Longitude 13° 2'5.56"W

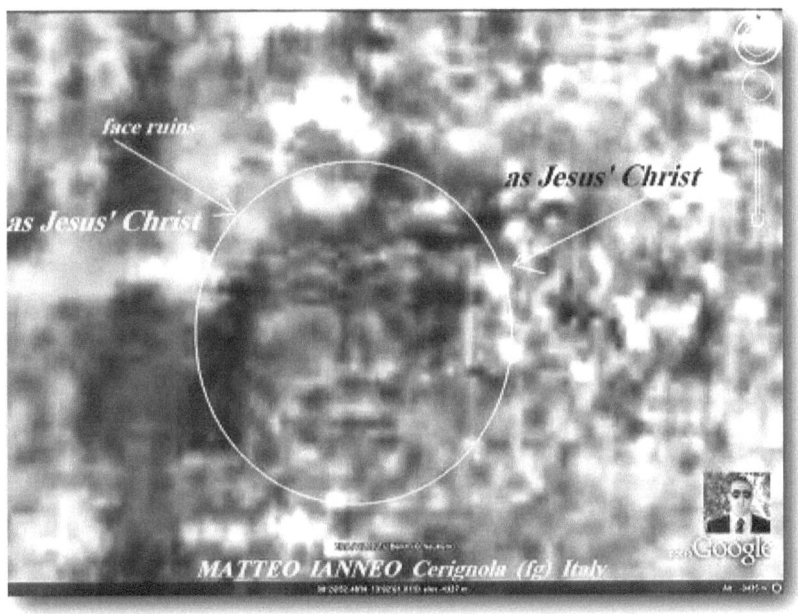

Fonte immagine: ESA/DLR/FU Berlin (G.Neukum)

Fu la prima cosa che mi venne in mente appena effettuata la scoperta. Confrontando questa anomalia con la Sacra Sindone, mi sono accorto di quanto siano perfettamente uguali.

Naso, bocca e occhi sono identici. Si parla di pixellaggio? Sì, può essere, ma se non ci fosse stato, l'immagine sarebbe stata molto più evidente.

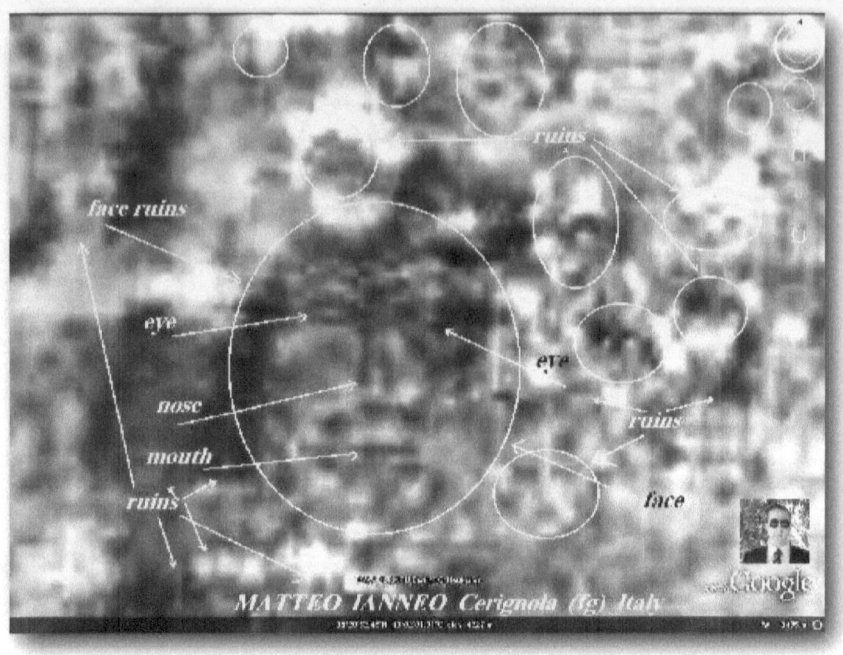

Fonte immagine: ESA/DLR/FU Berlin (G.Neukum)

I particolari.

In basso a sinistra si notano – anche se non sono molto evidenti – colonne in rovina che sicuramente sostenevano un tempio di questa città.

Conclusione

Spero che questo viaggio sia stato di vostro gradimento. Ho voluto presentare questo libro per dare un piccolo contribuito a coloro che, come me, hanno una visione della storia diversa da quella che noi tutti conosciamo. Ho condotto questi studi da solo e con estrema fatica. Ho dovuto scandagliare in modo dettagliato il pianeta con i miei piccoli strumenti, per ricavare almeno dei dettagli ed elementi che potessero essere visualizzati da tutti. Ci sono molte cose che ho dovuto scartare per la non facile comprensione. Ho conservato altri elementi che pubblicherò nel prossimo volume.

Ringrazio, in particolare, il *tool* di Google Earth per aver offerto questo strumento – grazie ad esso sono riuscito a condurre i miei studi e a ottenere i risultati riportati in questo libro.

Ringrazio la NASA e l'ESA Spaziale per le immagini satellitari prodotte da essi come fonte d'informazione per i miei studi.

ESA/DLR/FU Berlin (G. Neukum), NASA/USGS.

Ringrazio tutti quelli che hanno avuto fiducia in me e mi hanno supportato psicologicamente in questo difficile e tormentato viaggio ricco di giudizi positivi, ma soprattutto negativi. I miei studi hanno avuto inizio nel 2009, anno in cui ho individuato la maggior parte degli elementi presentati, e proseguono ancora oggi. Molti esperti in materia non hanno fatto altro che sminuire gli studi elementari fatti da una persona che non ha qualifiche in campo e non ha una base di preparazione sull'argomento. Ringrazio anch'essi.

Un saluto a voi tutti. Arrivederci al prossimo meraviglioso viaggio.